哈洛新知
Hello Knowledge

知识就是力量

国家出版基金项目
NATIONAL PUBLICATION FOUNDATION

牛 津 科 普 系 列

儿童与环境毒素

[美]菲利普·J. 兰德里根

[美]玛丽·M. 兰德里根/著

颜崇淮　蔡世忠/译

华中科技大学出版社
http://www.hustp.com
中国·武汉

湖北省版权局著作权合同登记　图字：17-2021-120 号

图书在版编目（CIP）数据

儿童与环境毒素/（美）菲利普·J. 兰德里根（Philip J. Landrigan），（美）玛丽·M. 兰德里根（Mary M. Landrigan）著；颜崇淮，蔡世忠译. —武汉：华中科技大学出版社，2022. 5
（牛津科普系列）
ISBN 978-7-5680-7560-2

Ⅰ．①儿… Ⅱ．①菲… ②玛… ③颜… ④蔡… Ⅲ．①环境污染－关系－儿童－健康－普及读物 Ⅳ．① X5-49 ② R179-49

中国版本图书馆 CIP 数据核字（2022）第 033473 号

儿童与环境毒素 　　〔美〕菲利普·J. 兰德里根　〔美〕玛丽·M. 兰德里根　著
Ertong yu Huanjing Dusu　　　　　　　　　　　　　　　颜崇淮　蔡世忠　译

策划编辑：杨玉斌　陈　露
责任编辑：杨玉斌　张瑞芳　　　　　　　　装帧设计：李　楠　陈　露
责任校对：刘　竣　　　　　　　　　　　　责任监印：朱　玢

出版发行：华中科技大学出版社（中国·武汉）　　电话：（027）81321913
　　　　　武汉市东湖新技术开发区华工科技园　　邮编：430223

录　　排：华中科技大学惠友文印中心
印　　刷：湖北金港彩印有限公司
开　　本：880 mm×1230 mm　1/32
印　　张：10.5
字　　数：173 千字
版　　次：2022 年 5 月第 1 版第 1 次印刷
定　　价：98.00 元

参与翻译人员

颜崇淮

蔡世忠

吴美琴　吴　伟　郜振彦　卢安心　董辰寅

陈　飞　张　泓　杨　颖　王雅倩　季忆婷

李旻明　曹　佳　蔡晓燕　赵丽娜　王苏苏

潘　晖　胡春平　徐　曦　赵启源　冉秀芳

王一宏　张莉娜　陈书进

总序

欲厦之高，必牢其基础。一个国家，如果全民科学素质不高，不可能成为一个科技强国。提高我国全民科学素质，是实现中华民族伟大复兴的中国梦的客观需要。长期以来，我一直倡导培养年轻人的科学人文精神，就是提倡既要注重年轻人正确的价值观和思想的塑造，又要培养年轻人对自然的探索精神，使他们成为既懂人文、富于人文精神，又懂科技、具有科技能力和科学精神的人，从而做到"物格而后知至，知至而后意诚，意诚而后心正，心正而后身修，身修而后家齐，家齐而后国治，国治而后天下平"。

科学普及是提高全民科学素质的一个重要方式。习近平总书记提出："科技创新、科学普及是实现创新发展的两翼，要把科学普及放在与科技创新同等重要的位置。"这一讲话历史性地将科学普及提高到了国家科技强国战略的高度,充分地显示了科普工作的重要地位和意义。华中科技大学出版社组织翻译出版"牛津科普系列",引进国外优秀的科普作品,这是一件非常有意义的工作。所以,当他们邀请我为这套书作序时,我欣然同意。

人类社会目前正面临许多的困难和危机,这其中许多问题和危机的解决,有赖于人类的共同努力,尤其是科学技术的发展。而科学技术的发展不仅仅是科研人员的事情,也与公众密切相关。大量的事实表明,如果公众对科学探索、技术创新了解不深入,甚至有误解,最终会影响科学自身的发展。科普是连接科学和公众的桥梁。"牛津科普系列"着眼于全球现实问题,多方位、多角度地聚焦全人类的生存与发展,探讨现代社会公众普遍关注的社会公共议题、前沿问题、切身问题,选题新颖,时代感强,内容先进,相信读者一定会喜欢。

科普是一种创造性的活动,也是一门艺术。科技发展日新月异,科技名词不断涌现,新一轮科技革命和产业变革方兴未艾,如何用通俗易懂的语言、生动形象的比喻,引人入胜地向公众讲述枯燥抽象的原理和专业深奥的知识,从而激发读者对科学的兴趣和探索,理解科技知识,掌握科学方法,领会科学思想,培养科学精神,需要创造性的思维、艺术性的表达。"牛津科普系列"主要采用"一问一答"的编写方式,分专题先介绍有关的基本概念、基本知识,然后解答公众所关心的问题,内容通俗易懂、简明扼要。正所谓"善学者必善问","一问一答"可以较好地触动读者的好奇心,引起他们求知的兴趣,产生共鸣,我以为这套书很好地抓住了科普的本质,令人称道。

王国维曾就诗词创作写道:"诗人对宇宙人生,须入乎其内,又须出乎其外。入乎其内,故能写之。出乎其外,故能观之。入乎其内,故有生气。出乎其外,故有高致。"科普的创作也是如此。科学分工越来越细,必定"隔行如隔山",要将深奥的专业知识转化为通俗易懂的内容,专家最有资格,而且能保证作品的质量。"牛津科普系列"的作者都是该领域的一流专家,包括诺贝尔奖获得者、一些发达国家的国家科学院院士等,译者也都是我国各领域的专家、大学教授,这套书可谓是名副其实的"大家小书"。这也从另一个方面反映出出版社的编辑们对"牛津科普系列"进行了尽心组织、精心策划、匠心打造。

我期待这套书能够成为科普图书百花园中一道亮丽的风景线。

是为序。

（总序作者系中国科学院院士、华中科技大学原校长）

译者序

　　人类社会进入工业化时代已经200多年,特别是近100年来,随着现代化学与现代工业的快速发展,人类文明进入了新纪元,各种化石燃料、矿物产品、新合成化学品的大量生产使用,极大地丰富和方便了我们生活的方方面面,但其中有些化学品,后来逐步被证明具有一定的环境和生物毒性,在大量使用的过程中污染了环境,进入了人类的食物链,对地球生态与人类健康产生了一定影响。随着我国工业化和城市化进程的不断加速,经济快速发展,人民生活水平显著提高,伴随而来的环境化学污染对儿童健康的危害正逐步引起全社会的广泛关注。

　　菲利普·J.兰德里根(Philip J. Landrigan)教授是美国波士顿学院全球公共卫生计划主任,一位儿童环境医学研究领域的全球知名专家和先行者,他和太太玛丽·M. 兰德里根(Mary M. Landrigan)于2018年出版了这部儿童环境医学领域的科普著作(英文版),对环境化学污染与儿童健康的最新研究成果进行了梳理,针对美国儿童所面临的环境有毒化学品污染与健康问题,从全新的角度,向读者详细介绍了在过去的一个世纪中儿童疾病谱的变化、环境化学污染、儿童对环境化学污染物的易感性、环境污染与儿童疾病等,特别就家庭、日托机构、学校等多个环境场景中重金属(如铅、汞等)、过敏原、内分泌干扰物、杀虫剂及其他环境毒素的来源、毒性、与儿童健康的关系,以及如何减少和避免儿童意外接触的具体措施进行了详细介绍。本书的出版成为广大儿童保健工作者、家长及监护人、儿科医生、幼儿及小学教育工作者预防儿童环境毒素暴露的重要参考书和行动指南。

早在20世纪80年代,在我国儿童保健学创始人之一郭迪教授的倡议下,上海第二医科大学附属新华医院在国内率先开展了儿童铅中毒防治研究,并取得了一系列研究成果。随后,在我国儿童环境医学领域开拓者沈晓明教授的领导下,在时任美国疾病预防控制中心儿童铅中毒防治专家委员会主席约翰·F. 罗森(John F. Rosen)教授及时任中华人民共和国卫生部部长陈敏章教授的支持下，新华医院于 1996 年率先成立了上海第二医科大学儿童铅中毒防治研究中心，随后该中心的研究领域从儿童铅中毒拓展到儿童睡眠、汞污染与儿童健康、新生儿听力筛查等，遂于 2000 年更名为上海第二医科大学儿童环境医学研究中心，在此基础上，于 2004 年底挂牌成立上海市环境与儿童健康重点实验室。2011 年，该实验室被列为教育部环境与儿童健康重点实验室。

笔者于 1991 年师从上海第二医科大学附属新华医院吴圣楣教授、沈晓明教授，在环境污染与儿童健康领域主持开展了包括科技部 973 课题、国家自然科学基金项目在内的 20 多项国家级和省部级科研项目，培养硕士、博士研究生 40 余人，主编、主译环境与儿童健康领域学术专著多部，在过去 20 多年中与菲利普·J. 兰德里根教授有较多接触，当我首次看到本书英文版时，爱不释卷，在华中科技大学出版社的积极推动下，获得作者及牛津大学出版社的授权，并积极组织翻译，如今终于付梓，心中感慨良多。蔡世忠副教授于 10 年前在我指导下攻读博士学位，聪睿勤奋，感谢其在本书翻译过程中所做的大量组织、协调、翻译和审校工作。感谢李旻明、董辰寅、郜振彦、曹佳、吴美琴博士，以及季忆婷、王雅倩、杨颖、张泓、陈飞、吴伟等同志在翻译工作中的贡献；感谢王苏苏、潘晖、胡春平、徐曦、卢安心、王雅倩、赵启源、冉秀芳、王一宏、张莉娜、陈书进等同学在全书审校工作中所做的贡献；感谢赵丽娜、蔡晓燕在翻译质量控制中所做的贡献。同时，特别感谢编辑杨玉斌、陈露、张瑞芳等细致的工作和专业指导。

本书虽然写的是美国情况，但其中大多数问题适合世界各国，对我国儿童的环境健康具有极其重要的借鉴价值。需要注意的是：有关导致儿童铅中毒的铅污染源，中国与美国存在较大差异，因美国老房子中含铅内墙涂料脱落，儿童误食含铅的墙皮、油漆片成为美国儿童铅中毒的一个重要原因，而这一点基本与我国情况不符。在我国，有些地方的风俗习惯，如生活中使用含铅的锡壶、锡箔、银碗，使用含铅量极高的红丹粉、黄丹粉及含宫粉成分的爽身粉为儿童护理皮肤，孕产妇及儿童使用各种含铅偏方药物等是导致儿童铅中毒的主要原因之一，急需引起重视。

愿本书的出版为我国儿童健康事业添砖加瓦，为广大家长、幼儿教师、儿科医生，以及其他儿童照护者了解环境化学污染物相关知识，使儿童免受化学污染物的毒害提供有效指导。愿祖国的下一代更加健康快乐地成长。同时呼吁社会各界保护环境,减少污染,积极响应习近平总书记"绿水青山,就是金山银山"的号召,让可爱的孩子们远离化学毒物,茁壮成长。

颜崇淮

2022 年

前言

　　当今的儿童，其一生的寿命将比历史上任何时期儿童的寿命都要长，且当今的儿童更健康，同时患病率也更低。现在出生在美国、加拿大、英国、德国、法国、澳大利亚、意大利或日本等国的儿童，预计寿命超过 80 岁，这几乎是 100 年前 20 世纪初的人均寿命(45 至 50 岁)的 2 倍。

　　在健康和寿命方面取得的这一前所未有的进展是现代医学和公共卫生的胜利。疫苗和抗生素的成功研制，健康食品和安全饮用水的广泛供应，使得婴儿死亡率降低了 90％，并控制住了曾使世界儿童大量死亡的古老传染病——霍乱、天花、斑疹伤寒、黄热病、猩红热、结核病、麻疹、疟疾、百日咳和脊髓灰质炎等。这是人类向前迈出的一大步。

但是,有两项负面的影响也给这一非凡的进步蒙上了阴影,并有可能使已经取得的进步失去意义。

首先是成千上万种新的化学品的发明,以及在现代环境中的广泛传播。这些新物质在自然界中从未存在过,在地球环境中也从未被发现过。这些人造合成化学品如今已被用于数百万种消费品中。它们已经扩散到地球上最偏远的角落。有些是高度持久的,即使不能在土壤和水中存留几百年,也会存留几十年。这些化学品进入人体,包括婴儿和儿童体内。美国疾病预防控制中心(Center for Disease Control and Prevention, CDC)在美国进行的一项调查发现,几乎所有美国人的身体中,甚至在哺乳母亲的母乳和新生儿的脐带血中,都有超过200种合成化学品。

第二个负面的影响是导致非传染性疾病的上升。在过去的50年里,非传染性疾病已经成为世界儿童的流行病。非传染性疾病取代传染病,成为致残和死亡的主要原因,而且发病率还在上升。以下是一些关键数据:

(1)自20世纪70年代初以来,儿童哮喘的发病率几乎增加了2倍。

(2) 学习障碍影响到六分之一的儿童。根据美国疾病预防控制中心的数据,现在美国每 68 个出生的婴儿中就有 1 个被诊断为孤独症谱系障碍(autism spectrum disorder,ASD)。

(3) 自 20 世纪 70 年代初以来,白血病和脑癌这两种主要的儿科癌症发病率均增加了近 40%。虽然癌症治疗取得了巨大进展,但癌症依然是导致儿童死亡的主要原因。

(4) 某些出生缺陷的发生率增加了 1 倍,出生缺陷已成为婴儿死亡的主要原因。

(5) 自 20 世纪 70 年代以来,儿童肥胖症增加了 2 倍以上——如今,美国近五分之一的儿童患有肥胖症。

(6) 2 型糖尿病,以前是一种成人疾病,现在已经在儿童中流行,而且诊断年龄越来越小。

儿童非传染性疾病的流行始于北美、西欧和其他地区的发达国家,但现在正在全球范围内蔓延。哮喘、癌症、出生缺陷和肥胖症的发病率不断上升,这在今天的印度,以及上一代人还只知道饥饿和饥荒的拉丁美洲和非洲部分地区可见一斑。全球儿童非传染性疾病大流行是我们这个时代的重大健康问题之一。如果不加以控制,它有可能使现代医学和公共卫生在过去一个世纪中取得的所有重大成就付诸东流。

有毒化学品暴露是造成儿童非传染性疾病流行的重要原因。空气、水、土壤、日用品和母乳中的有毒化学品使儿童暴露于可造成终生损害的健康威胁之中。对儿童环境健康和流行病学的研究表明,婴儿和儿童极易受到有毒化学品的伤害。经相关研究证明,孕妇怀孕期间和儿童早期暴露于低水平的铅、甲基汞、有机磷农药和多氯联苯等环境中,会对儿童后期发育中的大脑造成损害,表现为智力下降、注意力集中时间缩短和行为障碍等。儿童早期暴露于污染的空气中会导致其患上哮喘、肺炎等疾病或遭受肺生长受损或猝死等。孕妇产前接触溶剂和杀虫剂也有可能导致出生后的儿童患上癌症。邻苯二甲酸酯和双酚 A(BPA)等内分泌干扰物与儿童出生缺陷、生殖功能下降和行为障碍等有关。需要注意的是,会导致儿童患病的有毒化学品的暴露水平要比成人低得多。

虽然人们最近在了解有毒化学品对儿童健康的影响方面取得了很大进展,但仍有很多情况是我们不知道的。例如,目前广泛使用的许多化学品从未进行过安全性或毒性测试,人们对其影响儿童发展潜力可能性的评估则更少。没有安全测试数据,就无法知道某种化学品是否会伤害儿童,也无法知道这种化学品是如何伤害儿童的。

我们许多人依赖政府的法规来保护我们免受化学品的危害，但现实是，在许多国家，这些保护措施是不够的，并不能保护儿童免受有毒化学品的危害。世界上包括美国在内的大多数国家的政府，在最终证明新的化学品会造成危害之前，都是想当然地认为它们是安全的，并且很少要求或根本不要求对新的化学品进行上市前测试。只有少数几个国家的政府，特别是欧盟，通过其 2007 年颁布的《欧盟关于化学品注册、评估、许可和限制法规》(REACH 法规)，试图建立旨在保护儿童健康和环境的化学品安全法案。

经过多年的辩论，美国于 2016 年通过了《弗兰克·R. 劳滕伯格 21 世纪化学物质安全法案》。在撰写本书英文版时，新法律才刚刚开始实施——时间将告诉我们，它是会保护我们的孩子，还是会被削弱并失去效力，就像美国早些时候控制有毒化学品的努力那样。

在迅速发展的中低收入国家，化学性污染猖獗，管制更加薄弱，儿童的暴露问题也更严重。例如，印度新德里的城市空气污染和孟加拉国饮用水中的砷污染问题就很严重。

由于目前大多数国家的化学防治政策薄弱，世界各地的人们,尤其是儿童,每天都会暴露于大量危害不明的化学品中。近年来,环境中的有毒化学品导致自闭症、儿童癌症、出生缺陷、学习障碍和生育能力下降的比例上升,这个问题才开始引起人们的重视。也许更令人不安的是,在化学工业兴起一个多世纪之后,我们才开始认识到,早期有毒化学品暴露不仅可能会影响一个人的童年,而且会在他的整个生命周期内引起疾病甚至造成残疾。早期有毒化学品暴露还可能与成人高血压、心脏病、中风和癌症,以及帕金森病和痴呆等神经退行性变性疾病有关。

本书涉及的主题范围很广。前 4 章为专业人士和家长提供了一个速成课程,以方便他们了解儿童为何对其所处环境中的有毒化学物质特别敏感。其余部分是个人了解自身环境中化学毒素的指南:你在家里可以做些什么来尽量减少家居用品中有毒化学品的威胁;在怀孕之前和怀孕期间,你可以采取哪些措施来保护自己的生殖健康;如何让宝宝的房间更安全;关于避免过敏和哮喘发作的提示,以及关于杀虫剂的警告。你将学习如何选择更安全的食物和家庭清洁剂。这些细节既适用于家庭,也适用于学校和日托机构等场所,将有助于最大限度地减少儿童和成人暴露于有毒化学物质环境中的机会,同时寻求更持久的社会保护。

目录

1　儿童疾病谱的变化　　　　　　　　　1

在过去的一个世纪里，儿童的疾病谱有何变化?　　　2

目前儿童的主要疾病是什么?　　　4

2　化学环境　　　　　　　　　　7

化学工业的起源是什么?　　　8

何时第一次发现由环境因素诱发的疾病?　　　9

目前有多少未经测试的化学品投入商业生产?　　　13

是否存在有益于儿童健康的人造化学品?　　　14

新化学品是如何开发出来并被推向市场的?　　　15

是否存在着对化学问题的早期预警?　　　17

目前有多少化学品已进行安全性或毒性测试?　　　21

为什么没有对所有化学品进行安全性或毒性测试?　　　21

什么是"化学品安全法案"?　　　23

美国以外的国家在促进化学品安全方面做了哪些工作？ 26

REACH，这部欧洲化学品安全法规，对美国儿童

　的影响是什么？ 27

如何知道儿童是否接触到环境中未经检测的化学品？ 28

未对化学品进行安全性和毒性测试有哪些危害？ 29

目前广泛使用的其他化学品是否会危害儿童的健康？ 32

如果不采取措施，这个问题可能会继续加重吗？ 35

3　儿童对环境中有毒化学物质的特殊易感性

37

儿童比成人更容易受到环境中有毒化学物质的伤害吗？ 38

有哪些历史证据支持儿童易受环境中有毒化学物质的

　伤害这一论点？ 38

为什么儿童对有毒化学物质如此敏感？ 41

美国国家科学院发表的题为《婴幼儿饮食中的杀虫剂》的

　报告给公共政策带来了什么变化？ 49

美国国家科学院《婴幼儿饮食中的杀虫剂》报告发布

　以来的 20 多年里发生了什么？ 50

国际机构正在为环境与儿童健康做哪些工作？ 51

世界卫生组织是否参与保护儿童健康免受环境的威胁？ 51

4 环境中的有毒化学物质与儿童疾病 之间的关联 53

是什么原因导致最近关于有毒化学物质对儿童健康
　影响的研究激增？ 54

有毒化学物质会导致没有症状或症状轻微的儿童出现
　健康问题吗？ 56

亚临床毒性对社会有何影响？ 58

用什么研究方法来确定有毒化学物质暴露与儿童疾病之间的
　联系？ 62

目前儿童环境健康研究中使用了哪些新工具？ 64

什么是疾病的生物标志物？ 64

什么是有毒化学物质暴露的生物标志物？ 65

目前有哪些儿童疾病与有毒环境暴露有关？ 67

有关当今商业产品中使用的环境化学物质与儿童疾病
　之间的联系，要搞清楚的最紧迫的问题是什么呢？ 104

了解环境暴露如何导致儿童疾病的下一个前沿领域是什么？

106

是否有证据表明早期有害环境暴露会导致成年后的疾病？ 108

环境中有毒化学物质引起的儿童疾病的经济负担有多少？ 109

相反，预防环境中有毒化学物质引起的儿童疾病的
　经济效益是什么？ 110

5   家庭环境中的铅   111

如何知道家里是否有铅?   114

家庭中的铅通常在哪里?   116

如果在家里发现含铅油漆,该怎么办?   118

清除含铅油漆的正确方法是什么?   120

在清除铅作业期间儿童或孕妇可以住在家里吗?   120

铅是如何进入饮用水的?   121

铅暴露可以进行医学检测吗? 儿童应该进行血铅检测吗?   124

如果家里有铅,在发现和清除铅之前,你该做什么?   125

儿童玩具含铅吗?   127

还有哪些进口商品含铅?   128

6   家庭过敏原及呼吸道刺激物   131

家里的空气被污染了吗?   133

室内吸烟对空气质量有何影响?   136

日常家庭用品会影响室内空气吗?   138

全屋地毯是过敏原吗?   143

宠物会造成空气污染吗?   145

需要使用床垫罩吗?   146

毛绒玩具可以放在身边吗?   147

7　家庭环境中的内分泌干扰物　　149

最常见的内分泌干扰物是什么？　　152

还有其他商业用途的化学品是内分泌干扰物吗？　　156

塑料含有内分泌干扰物吗？　　157

可以用微波炉加热用塑料容器盛放或塑料膜包装的
　食品吗？　　159

塑料水瓶是否含有内分泌干扰物？　　160

烹饪和饮用时，家庭管道中的冷水比热水更安全吗？　　160

所有的婴儿奶瓶都安全吗？　　161

为什么推荐将硅胶用于奶瓶的奶嘴和安抚奶嘴？　　162

哪些食品包装含有内分泌干扰物？　　163

炊具含有内分泌干扰物吗？　　163

家具和地毯是否含有有毒物质？　　164

阻燃剂和去污剂是否构成同样的威胁？　　164

肥皂中含有内分泌干扰物吗？　　165

空气清新剂含有内分泌干扰物吗？　　168

香水也含有内分泌干扰物吗？其他化妆品呢？　　168

8   杀虫剂与除草剂   171

杀虫剂的危害有哪些？   172

何为有机磷杀虫剂？   173

杀虫剂的使用是增加了还是减少了？   176

有没有不使用杀虫剂也能消灭害虫的安全有效的方法？   177

如果要除虫员来帮助除虫，用什么方法可以减少化学

  杀虫剂的接触？   178

草坪用化学制剂有毒吗？   180

没有使用与草坪相关的化学制剂，是否仍可能有

  接触相关化学品的风险？   180

如何知道邻居家的草坪或庭院已经喷了杀虫剂了？   182

不用化学肥料和杀虫剂，如何拥有漂亮的草坪？   183

如果家中有白蚁，各种灭蚁方法的毒性如何？   185

如果家中有蟑螂，有没有无毒的灭蟑方法？   188

宠物用的防虱蚤项圈是否含有有毒化学品？   190

9   食物中的化学污染   193

哪些食物最有可能含有毒农药残留？   194

哪些水果和蔬菜更容易残留农药？   196

对于水果和蔬菜，区别"本地"和"时令"农产品

很重要吗？ 197

什么是食品添加剂？ 它们对健康有影响吗？ 199

什么是转基因食品？ 200

该不该购买转基因食品呢？ 203

什么是加工食品？ 它们是否含有有毒化学物质？ 204

什么是巴氏消毒法？ 它与食品中的有毒化学物质

有什么关系？ 206

有机和非有机乳制品有什么区别？ 207

如何辨别哪些鱼可以安全食用？ 208

碎牛肉含有大肠杆菌吗？ 211

对于儿童来说，花生有毒吗？ 213

应该采取什么预防措施来防止有毒化学物质进入

家庭花园？ 216

10　家庭环境中的有毒化学品和其他危险因素

221

防止儿童在家中接触或摄入有毒化学品的最有效方法

是什么？ 222

如果儿童摄入或接触了有毒化学品，应当如何处理？ 225

如何安全地处理废弃的化学品？ 226

所有的婴儿用品都安全无毒吗？　228

婴儿爽身粉安全吗？　230

使用抗菌清洁剂有危害吗？　230

哪种避蚊剂是安全的？　232

手机辐射是否有害健康？　233

什么是氡？　应当检测家中的氡含量吗？　234

什么是石棉？　如何在家中检测石棉是否存在？　236

能否在家中某些区域放置玻璃纤维绝缘材料？　237

11　日托机构中的环境暴露风险　239

日托机构的设施是否符合消防安全规范？　241

日托机构是否符合卫生规范？　242

日托机构是否存在铅暴露的问题？　243

日托机构是否已经将所有药物都锁起来了？　244

日托机构使用的清洁产品是否是无毒的？　244

日托机构是否有严格的洗手规范？　245

日托机构使用的蜡笔中是否含有铅或石棉？　245

日托机构的附近可以使用杀虫剂吗？　248

游乐区是否含有有毒物质或经加压防腐处理过的木材？　248

12　学校里的环境暴露风险　251

如何判断孩子所在学校过去是否存在铅和石棉污染问题？　252

学校建筑物含铅会造成什么影响和后果？　255

学校存在石棉问题意味着什么？　256

学校建筑物应当去除石棉吗？　258

儿童在学校发生石棉暴露怎么办？　259

针对石棉危害，家长如何敦促学校采取行动，并确保其
行动的透明度？　260

如何确保学校的饮用水是无铅的？　261

学校化学实验室应该采取哪些预防措施？　263

学校美术教室应该采取哪些预防措施？　266

什么是危险化学品泄漏处置预案？学校需要这样的
预案吗？　270

人造草坪是否安全？　272

学生上学期间，学校建筑物是否可以进行结构改造（如屋顶
维修）？　274

参考文献　275

后记　301

1 儿童疾病谱的变化

在过去的一个世纪里，儿童的疾病谱有何变化？

1900 年，美国出生的婴儿成年后能活到 45 至 50 岁。有三分之一的婴儿在出生一年以内死亡，而且大多死于传染病，如肺炎、痢疾、霍乱、天花、伤寒、百日咳和麻疹等。这些疾病在今天看来都是可预防的。

纽约市 1800 年的死亡率(每千人每年死亡人数)是 2000 年的好几倍。原因是什么呢？1800 年，人们的平均期望寿命也不及 2000 年的一半。当然，有些人可以活到晚年，但仍有许多人在婴儿期或儿童期死亡，许多年轻母亲在分娩时死亡。因此，平均寿命比较短。

19 世纪末和 20 世纪初，预期寿命开始增加。城市环境的巨大改变显著地改善了市民的健康状况。工程师们建造了水库和沟渠，为城市提供清洁水源。这些项目包括纽约市的克罗顿水渠和波士顿的阔宾水库。他们还建造了污水处理系统以清除废水。市政府努力确保民众拥有健康的食物和舒适干净的住房。传播疾病的昆虫和害虫也得到了控制。这些环境变化有助于控制霍乱、伤寒、黄热病、结核病和其他古老的传染病。从 19 世纪 70 年代开始,这些疾病的死亡率开始稳步下降。尽管青霉素于 1928 年才被发现,但在此前的 60 年间,人们的整体健康状况已有所改善。

近几十年来,疫苗和抗生素的使用,营养的改善,早产和低出生体重的预防,将现代技术应用于患病儿童护理等措施,都有助于持续降低儿童疾病发病率和死亡率,这是现代医学进步的成果。

人工水库
Photo by Xiaolong Wong on Unsplash

目前,结核病、麻疹、百日咳和脊髓灰质炎这样的古老病种已不再是导致美国儿童死亡的主要原因。人们的预期寿命已增至将近 80 岁。自 1900 年以来,婴儿死亡率下降了 90%。随着各国都采取了措施以保证民众呼吸清洁的空气、饮用洁净的水源、食用安全的食物和控制传染病等,各国民众的健康状况也逐渐发生改善,并且持续不断地在改善着。毫无疑问,环境因素对儿童和成人的健康与疾病谱有着巨大的影响。

目前儿童的主要疾病是什么?

目前,生活在美国、加拿大、日本、澳大利亚等国的儿童罹患的主要疾病不再是传染病。尽管存在结核病、艾滋病,以及新发传染病如埃博拉病毒感染和寨卡病毒感染等的威胁,但是目前发达国家儿童患病、致残和死亡的主要原因是非传染性疾病——哮喘、肥胖症、学习障碍、自闭症、注意缺陷多动障碍(attention deficit hyperactivity disorder,ADHD)和糖尿病等。这些疾病的发病率在逐年上升:

哮喘 美国儿童的哮喘患病率从 1980 年的 3.6% 增加到目前的近 10%。哮喘已成为儿童在儿科住院和学校缺课的主要原因之一。2010 年,9.4％的美国儿童(约 670 万儿童)被诊断出患有哮喘。

出生缺陷 出生缺陷现在是婴儿死亡的主要原因之一。据美国疾病预防控制中心报告,一些出生缺陷的发生已显著增加,例如尿道下裂(男性生殖系统畸形)和腹裂(肠道突出体外的腹壁缺陷)等。

孤独症谱系障碍 每 68 名美国儿童中有 1 名患有孤独症谱系障碍。14％的美国儿童患有注意缺陷多动障碍,其中有三分之二的儿童也同时存在学习障碍。美国每年出生的 400 万婴儿中有 40 万到 60 万存在脑发育障碍,包括阅读障碍、智力低下、注意缺陷多动障碍和孤独症谱系障碍等。

白血病和脑癌 白血病和脑癌的发病率增加。20 世纪 70 年代至 90 年代,儿童新发癌症增加了 40％。尽管新的治疗方法降低了死亡率,但癌症现在仍是美国儿童死亡的第二大原因,仅次于意外伤害。

睾丸癌 15 至 30 岁年轻男性的睾丸癌发病率增加了 1 倍以上,并且发病年龄逐渐减小,这种疾病可能起源于胎儿期。

2 型糖尿病　以前人们认为 2 型糖尿病只有成人发病,儿童期几乎从未发生。现在看来,随着儿童肥胖的增加,儿童期 2 型糖尿病的发病率也在增加,且诊断年龄越来越小。

环境暴露是儿童健康问题发生的重要病因,有关这一论述的医学证据不断增多,且具有极强的说服力。认识到环境中各种化学物质排放量的变化与疾病发病率的变化高度吻合,可以更清楚地理解这些证据。

2　化学环境

化学工业的起源是什么？

化学工业起源于 19 世纪末 20 世纪初的德国和瑞士。在 20 世纪的前几十年，该行业扩展到英国，然后在第二次世界大战前的几年里扩展到美国、加拿大、澳大利亚和日本等国。至 20 世纪 50 年代，该行业已遍布全球。

自 20 世纪初以来，化学工业的兴起和全球扩展导致有毒

化工厂
Photo by Jim Witkowski on Unsplash

化学品首次从工厂开始大量进入自然环境中,并造成新的和未经测试的化学品进入消费品领域。与此同时,有毒化学品对空气、水和土壤的广泛污染也开始被人们关注。

虽然化学工业的快速发展促进了大量新的消费品的生产以及技术进步,给我们的生活带来了更多的便利,并且使得生存环境变得更加安全,但不幸的是,伴随着这些化学品的快速生产,新的、未经检验的以及有潜在危险的化学品已被用于数千种家庭用品中。此外,一些更早发现的有毒物质,如多年前被用于消费品中的铅和石棉,仍然是造成家庭和社区危险暴露的来源。其结果就是环境引起的疾病,包括铅中毒和化学品诱发的癌症等不断增加。

何时第一次发现由环境因素诱发的疾病?

环境因素诱发的疾病首次见于化工厂工人,因为他们是最早在工作场所中接触大量化学品的人。自化学工业出现以来,疾病便几乎一直伴随着他们。

职业性铅中毒可能是迄今已知最早的职业病。早在古罗马时代,老普林尼(Pliny the Elder)和希腊诗人、内科医生尼坎德（Nikander）就对铅矿工人铅中毒进行了报道。德国医生阿格里科拉（Agricola）描述了中世纪时铅矿工人和冶炼厂工人的职业性铅中毒。18 世纪早期，被誉为"职业医学之父"的意大利医生贝尔纳迪诺·拉马齐尼（Bernardino Ramazzini）对铅中毒的临床症状进行了详细的描述。

合成化学品引起职业病的最早报道之一是 1898 年发生于瑞士的事件，职业性接触合成苯胺染料（第一类人造化学品中的一种）的化学工作者中多人患上了膀胱癌。随着化学工业在

含铅染料有可能导致铅中毒
Photo by Anna Kolosyuk on Unsplash

全球范围内的扩散,膀胱癌首先蔓延到英格兰和北美,然后遍布于其他地方。该疾病通常在这些国家的化学工业开始发展后约 20 年出现。现在已经证实合成苯胺染料可导致膀胱癌,并且这些化学品现在被世界卫生组织(World Health Organization,WHO)国际癌症研究机构(International Agency for Research on Cancer,IARC)归类为已被证实的人类致癌物。许多国家已禁止使用这些染料。人们发现合成苯胺染料引起膀胱癌的潜伏期为 18 至 22 年,这就解释了为什么一个国家从开始发展化学工业到出现由合成苯胺染料导致的膀胱癌患者会有约 20 年的滞后期。

职业性接触溶剂苯导致白血病是化学工业引起的另一个早期结果。与合成苯胺染料引起膀胱癌一样,苯引起的白血病随着化学工业的发展逐渐遍布于世界各地。苯也被列为已被证实的人类致癌物。

第二次世界大战时造船工人和世界各国建筑工人接触石棉已被证明是导致职业性癌症的另一个原因,其可导致肺癌和间皮瘤。石棉也被国际癌症研究机构列为已被证实的人类致癌物。

许多合成化学品已被发现可导致工人罹患癌症，但至今仍被广泛使用。这些化学品现在被国际癌症研究机构分类为可能或已被证实的人类致癌物。还有一些化学品可导致化工厂工人患上神经系统、生殖系统、内分泌系统和免疫系统疾病等。

化工厂工人被描述为"煤矿中的金丝雀"，化工厂工人所患的疾病往往是对儿童未来健康问题的首次警告。

曾被广泛应用的石棉瓦也可能致癌
Photo by Ural-66 on Wikimedia Commons

目前有多少未经测试的化学品投入商业生产？

自 20 世纪 40 年代以来，化学品生产的数量和品种一直呈指数增长，如图 2.1 所示。在此期间，超过 85000 种新的合成化学品被发明出来，并在美国环境保护署（Environmental Protection Agency，EPA）登记注册。通过经济合作与发展组织（Organization for Economic Cooperation and Development，OECD）在国际上注册的化学品甚至更多。目前，这些化学品已用于数百万种消费品中，从食品和食品包装到服装、建筑材料、清洁产品、化妆品、玩具和婴儿奶瓶等。

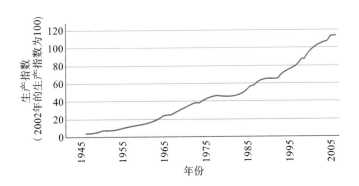

图 2.1 1945—2005 年美国化学品生产情况

美国环境保护署已将 3000 种合成化学品列为"高产量"化

学品,"高产量"化学品为每年生产或进口量超过 100 万磅^①的化学品。它们是用途最广泛的化学品,因此在环境中传播以及人类与之接触的可能性最大。目前,这些化学品在世界各地的空气、食物和饮用水中都能检测到。

是否存在有益于儿童健康的人造化学品?

答案是肯定的!一些新的化学品对儿童健康大有裨益。抗生素帮助控制了主要传染病,饮用水消毒剂使因痢疾造成的死亡大大减少,化疗药物使儿童癌症的治愈成为可能。化学品在现代建筑中应用广泛,也是交通运输系统的核心货物,已经成为我们日常生活的重要组成部分。

但是也有一些新的合成化学品会导致疾病、死亡和环境恶化,并导致儿童受到严重伤害。其根本问题是,在将新化学品投放市场之前,人们通常很少或根本没有对新化学品的安全性或潜在毒性进行评估,因此也就无法知道哪些化学品有益,哪些化学品需要谨慎对待,这就为潜在的健康问题埋下了隐患。

---

① 1 磅≈0.45 千克。——译者注

新化学品是如何开发出来并被推向市场的?

简短的回答是:生产厂家充满热情地将新化学品投放市场,但却没有接受足够的监管或对新化学品进行潜在毒性评估测试。

新化学品通常被大张旗鼓地推向市场,并迅速在工业环境和消费品中广泛使用,因此导致新化学品在环境中广泛传播。

家长为孩子挑选玩具时应考虑其材料是否无害
Photo by Jerry Wang on Unsplash

经过数年甚至数十年后，人们才发现一些最初被认为有益的材料会对儿童健康和环境产生有害影响（但在将其推向市场之前，人们从未考虑或想到有这些危险）。

这些事件反复出现的核心问题是，在慎重评估新化学品的安全性或毒性之前，特别是明确其对人类健康的影响之前，它们已经一次又一次地进入商业生产中。有很多这样的历史实例证明，人们在引入某些物质之前没有对它们进行充分的安全性和毒性检测，随后才发现这些物质对人类健康和环境造成了巨大危害，包括在油漆和汽油中添加铅，在绝缘和防火产品中使用石棉，使用滴滴涕（DDT）作为农药，用沙利度胺治疗妊娠期呕吐，在电力变压器中广泛使用多氯联苯，使用合成激素二乙基己烯雌酚（DES）预防怀孕期间的流产，以及在制冷装置中使用破坏大气臭氧的氯氟烃（CFCs），等等。

这一系列事件在 21 世纪不断重演，新的化学品被添加到塑料和其他消费品中。两种类型的塑料添加剂——邻苯二甲酸酯和双酚 A，都会对儿童的生长发育产生影响。放入沙发、地毯、床垫和计算机等中的溴化阻燃剂已被证实会导致儿童的脑发育滞后，智力下降。有机磷杀虫剂已被证明可导致婴儿出现小头畸形，表现为头围小于正常头围、脑体积减小、发育滞后和行为问题等(本书的其他章节会对这些问题进行更详细的讨论)。

最初,所有这些化学品在没有进行任何详细检测之前都被认为是安全的,之后才被发现会导致儿童患病。

是否存在着对化学问题的早期预警?

存在。

含铅油漆会对人类健康和环境造成巨大危害
Photo by rawpixel.com on Pexels

　　人造化学品相关疾病的发病率上升是新化学品危害的早期预警之一。人造化学品对环境的影响是另一个预警。

　　生物学家蕾切尔·卡森(Rachel Carson)的代表作《寂静的春天》于 1962 年出版,该书首次引起了人们对有毒化学品对环境影响的广泛关注。《寂静的春天》详细地阐述了有机氯类杀虫剂对野生动物的危害,特别是杀虫剂滴滴涕几乎导致了鱼鹰和美国国鸟白头海雕的灭绝。它引领了美国的环保运动。卡森的书受到科学家和媒体的普遍欢迎,但却遭到化学工业界

沙发中的溴化阻燃剂会阻碍脑发育,购买时应谨慎挑选
Photo by Phillip Goldsberry on Unsplash

的批评。它已成为一个经典案例,推动了美国环境保护署的成立,并促使联邦政府立法禁止农药滴滴涕的商业化生产。

蕾切尔·卡森在《寂静的春天》中提到的化学品对野生动物和人类内分泌系统的影响,在 1996 年出版的《我们被偷走的未来》一书中再次被提及,该书提出疑问:我们生产的化学品是否威胁到了自身的生育力、智力和生存?该书由西奥·科尔伯恩(Theo Colborn)及其同事编写,并提出"内分泌干扰物"这一概念来描述人造化学品如何模拟野生动物和人类体内的激素

杀虫剂滴滴涕几乎导致美国国鸟白头海雕的灭绝
Photo by Mathew Schwartz on Unsplash

的作用。

在某些情况下，为了维护既得利益，化学工业界（例如铅、烟草、石棉和农药生产等行业）会极力反对人们在深入理解和避免儿童接触这些有毒化学品方面做出努力，从而保护其市场。这些行业利用高度复杂的虚假信息来迷惑公众，诋毁科学。受雇于这些行业的游说者（包括少数科学家）会轻视儿科医生、研究人员和环境科学家的专业知识并抨击他们的主张（呼吁人们关注新兴技术和新化学品的风险），这正如他们在过

香烟中的化学物质也有致癌风险
Photo by Антон Воробьев on Unsplash

去几十年中对支持使用铅和汞的做法一样。如今,化学工业界赞助的虚假宣传活动主要围绕含氯有机溶剂、有机磷农药和化学除草剂等展开。

目前有多少化学品已进行安全性或毒性测试?

在目前的3000种大量生产的化学品中,大部分化学品可能都没有接受过最低限度的安全性或潜在毒性评估测试。只有大约20%的大量生产的化学品被筛选出来,以测试其对干扰人类早期发育和诱发儿童疾病的影响。因此,我们并不了解当今世界大多数合成化学品对儿童可能造成的危害。关于儿童同时接触多种化学品的潜在影响,化学品如何在儿童体内相互作用,以及它们可能对儿童健康造成的协同的不利影响,我们知之甚少。

为什么没有对所有化学品进行安全性或毒性测试?

几十年来,美国的化学工业界一直妨碍美国国会和美国环境保护署对已知或怀疑对儿童健康有害的化学品进行有效监管。《有毒物质控制法》在实施过程中就遇到了这些阻力和干扰，该法于 1976 年通过并开始正式实施，旨在促进美国对现有的和新的化学品展开潜在毒性测试。但该法并未真正实现其目的，因为在其通过后的一年内，美国又做出了一个决定，即假定当时已经存在于市场上的约 62000 种化学品都是安全的，不需要进行安全性或毒性测试。除非美国环境保护署明确认定某些化学品对人类健康或环境造成"不合理风险"，这些化学品才不被允许存在于商品中。

"不合理风险"的标准一直是工业化学品和消费化学品监管的主要障碍。由于《有毒物质控制法》将举证责任交给美国环境保护署来承担，要环境保护署来证明化学品排放后的有害性，而不是在化学品排放之前，由化学品制造商来举证其是安全的。因此，几乎所有未经检测的化学品都依然在市场上流通。只有经过一个漫长的过程，当压倒性证据表明其存在潜在危害时，美国环境保护署才能从市场上清除该化学品。因此，自《有毒物质控制法》通过后的 40 多年来，只有 5 种化学品受到管制。

什么是"化学品安全法案"?

"化学品安全法案"是已故参议员弗兰克·劳滕伯格最初提出的立法,他于 2013 年去世,在去世前 10 多年中一直致力于修订《有毒物质控制法》。劳滕伯格的立法一直面临着美国国会委员会的质疑,在 10 多年中进行了数次修订,与此同时,也一直面临化学工业界和与该业界有联系的国会议员的反对。

2016 年 6 月,美国通过了新的立法来代替《有毒物质控制法》。新通过的立法,即《弗兰克·R. 劳滕伯格 21 世纪化学物质安全法案》要求美国环境保护署在允许任何新化学品进入市场之前评估其安全性,优先考虑和测试现有化学品的安全性,评估化学品安全性时使用仅考虑会对健康和环境危害的标准而不考虑保护措施的成本。该法律得到了双方成员的支持。尽管行业团体不断反对,但在公共卫生和环保团体以及公益律师的多年努力下,它还是得以颁布。虽然有一些缺点,但它是美国颁布的最强有力的环境法之一。它的实施需要美国环境保护署开展大量的组织管理工作,同时也意味着化学品、环境和人类健康领域会发生巨大变化。

2016 年 12 月,美国环境保护署公布了根据新法案需要审查的前 10 种化学品清单(见表 2.1)。

表 2.1　美国环境保护署根据《弗兰克·R.劳滕伯格 21 世纪化学物质安全法案》公布的前 10 种化学品清单

化学品	用途/存在方式	健康/环境效应
1,4-二氧杂环己烷	地下水污染物,许多化妆品、清洁剂可能含有的污染物	可能的人类致癌物
1-溴丙烷	气溶胶喷雾黏合剂、气溶胶去漆剂、气溶胶清洁剂/脱脂剂	美国国家毒理学项目将其归类为"合理预期的人类致癌物",对生殖和发育有影响
石棉	偶尔被发现存在于汽车刹车片和离合器中,以及乙烯基瓷砖、屋顶材料和用滑石制成的儿童玩具中	已知的致癌物,可导致致命的肺部疾病(石棉沉着病)
四氯化碳	一种溶剂,用于制造工业化学品,不再用于消费品中	可能的人类致癌物,对肝脏和肾脏有毒性作用,可能损伤中枢神经系统
HBCD(六溴环十二烷;脂环族溴化物簇)	阻燃剂,主要用于硬质聚苯乙烯房屋隔热;会污染食物和存在于尘埃中	在环境中有高持久性和生物累积性,对水生生物有很高的毒性,可危害人类的生殖和发育

续表

化学品	用途/存在方式	健康/环境效应
二氯甲烷	脱漆、蒸气脱脂、印刷、泡沫制造、香料提取、电子制造、化学制造、清洁等	可能的人类致癌物
NMP(N-甲基吡咯烷酮)	脱漆	生殖毒性
颜料紫29	用于塑料和涂料的工业着色剂,美国环境保护署称其"广泛用于消费品中",但具体用途尚不清楚	持久存在于环境中并对水生生物有毒性作用
PERC(全氯乙烯或四氯乙烯)	干洗,地下水污染物	可能对人类有致癌作用,对神经系统有毒性作用
TCE(三氯乙烯)	干洗,工业用途;少数用于手工艺品、汽车用品、家居维修和家庭办公消费品等中	对人类有致癌性,对神经系统有毒性作用

　　美国《有毒物质控制法》立法的历史和失败的教训,对推动新的化学品安全法案的出台是一个警示。它的有效性在很大程度上取决于当选官员的勇气和正直,以及负责制定和执行这一制度的环境保护署的科学家。

美国以外的国家在促进化学品安全方面做了哪些工作？

　　避免儿童接触化学品的管理方法因国家而异。欧盟已经尽最大努力保证化学品安全,并于 2007 年通过了 REACH 法规。该法规要求化学工业在新化学品进入市场之前对其进行广泛的安全测试。公司必须向欧洲化学品管理局提交测试信息,欧洲化学品管理局反过来使用这些信息来确定是否允许该化学品进入消费品领域,以及制定保护儿童健康的法规。根据该法规,仍然在美国消费品中使用的危险化学品在欧洲已禁止使用。欧洲化学品管理局也在开发一个公共数据库,使公众可以广泛获取危险化学品信息。

　　一些国家(包括日本、挪威、墨西哥、阿根廷和澳大利亚)紧随欧盟的步伐,正在密切关注化学品被允许进入市场之前可能造成的潜在危害。如果没有足够的科学证据确保化学品不会损害儿童的发育,那么这些物质就会在这些国家被禁止。

REACH，这部欧洲化学品安全法规，对美国儿童的影响是什么？

在美国以外的国家颁布 REACH 法规以及其他同样强有力的安全法规后，一个意想不到的结果出现了，即当这些国家的儿童已不再受有毒化学品的侵害时，美国的儿童却仍然暴露在存在这些有毒化学品的环境中。

其中一些差异可归因于美国的立法松懈，特别是前文中提到的发挥效力极其有限的《有毒物质控制法》。但也存在一个市场因素：当化学品被拒绝在欧盟销售时，化学品制造商将禁用的化学品转移到了标准不太严格的国家。实际上，美国已成为欧洲认为的不安全产品的"倾销场"之一。

改善美国儿童的安全状态是可以实现的，跨国公司已经生产出符合欧盟严格法规的更健康的产品，因此，即使它们的不安全产品在美国仍然在用，儿童也不一定能接触到。只有通过更严格的监管制度进行有效管理，儿童才能只接触到更安全的产品，如不含邻苯二甲酸酯的玩具，不含镉的电脑零部件，不含溴化阻燃剂的电子产品，以及不含邻苯二甲酸酯、铅或其他有毒化学品的化妆品等。

至于《弗兰克·R. 劳滕伯格 21 世纪化学物质安全法案》是否能够弥补目前美国儿童保护的漏洞，只有时间才能揭晓最终结果。

如何知道儿童是否接触到环境中未经检测的化学品？

通过美国疾病预防控制中心定期进行的全国调查，我们可

电脑零部件应尽量选用安全的材料
Photo by Harrison Broadbent on Unsplash

以了解儿童对未经检测的化学品的暴露情况。几乎所有美国居民(包括孕妇)的血液和尿液中都检测到了 200 种大量生产的化学品。虽然目前检测出的这些化学品的含量通常较低,但与一两代人之前在大多数美国人体内发现的相同化学品的含量相比,它们则要高得多。

如今,在哺乳期母亲的母乳和新生儿的脐带血中也经常检测到未经测试的化学品。

未对化学品进行安全性和毒性测试有哪些危害?

关于广泛使用化学品可能产生的危害,如果对此缺乏了解可能会带来很大的风险。除非人们专门进行研究以明确化学品暴露产生的危害,否则其对儿童健康的损害可能数年甚至几十年都不能被人们所知。长期未对化学品进行安全性检测所带来的风险已经产生了破坏性的结果,其中包括儿童铅中毒的悄无声息的流行,它在几乎整个 20 世纪里影响了美国乃至世界各地的儿童。

在儿童铅中毒的悄无声息的流行中,从 20 世纪 20 年代到 80 年代初期,数百万美国儿童接触了过量的铅。接触的主要来源是含铅汽油(汽油中添加铅以改善发动机性能)和含铅涂料。出生于那个年代的成千上万的儿童患有低水平的铅中毒,低水平的铅中毒通常没有任何症状(因而被称为无症状疾病)。铅中毒导致数千名美国儿童出现脑损伤,铅中毒可通过儿童智力下降、注意力不集中及行为问题等表现而确诊。遭受脑损伤的低水平铅中毒儿童比其他同龄儿童更容易患上阅读障碍,或辍学,或从事违法犯罪行为并最终被监禁。

　　铅中毒的流行事件是一个警告。它向我们表明,即使是低

含铅汽油可能会导致儿童铅中毒
Photo by Markus Spiske on Unsplash

水平有毒化学品暴露也会对儿童造成真正的伤害，并会带来沉重的社会成本负担。最终，我们的孩子可能会因我们未对所有化学品进行检测而付出昂贵的代价。

今天，类似的慢动作式的悲剧还在上演，如溴化阻燃剂的使用。溴化阻燃剂是合成化学品，自 20 世纪 70 年代以来，已被添加到家具、地毯、电脑、床垫甚至儿童服装中。溴化阻燃剂的使用在全球范围内不断增加。其问题在于溴化阻燃剂不会残留在这些消费品中。它们可从这些消费品中释放出来，进入

挑选无害家具也是保护儿童的一种有效方式
Photo by Alexandra Gorn on Unsplash

室内尘埃中,黏附到儿童的手上或进入食物中,造成人群的普遍暴露。美国疾病预防控制中心进行的全国调查显示,几乎所有年龄段的美国人,包括幼儿和孕妇,体内都含有可检测水平的溴化阻燃剂,特别是在人类母乳中的溴化阻燃剂浓度也较高。在过去几年中,高水准的研究表明,遭受宫内溴化阻燃剂暴露危害的婴儿智力较低,注意力集中时间较短,并且持续存在行为问题。这些问题至少会持续到 7 岁,也有可能持续终生。试图通过立法控制溴化阻燃剂的使用的努力才刚刚开始,就受到化学工业界的极力抵制。尽管如此,包括加利福尼亚州、俄勒冈州、爱达荷州、伊利诺伊州、密歇根州和佛蒙特州在内的 10 多个州已通过相关政策禁用这些化学品。

谈及未对化学品进行安全性和毒性测试的问题时,已故著名儿科医生兼儿童铅中毒研究的先驱者赫伯特·L. 内德勒曼(Herbert L. Needleman)说:"我们正在进行世界范围内的大规模毒理学实验,而我们的子孙成了不知情的受试者。"

目前广泛使用的其他化学品是否会危害儿童的健康?

这是很有可能的。

基于现在正在生产的化学品数量众多,并且其中大多数化学品都没有进行过安全性和毒性测试的现实情况,我们可以推测目前广泛使用的某些化学品对儿童造成潜在危害的可能性很大,并且其毒性尚未被发现。

儿童暴露于未经检测的化学品中的问题如图 2.2 所示。该"化学品冰山"图中 n 表示每个三角形切片中的化学品数量,关键字显示了人们对这些化学品的了解程度。

从"冰山"的顶端可以看出,目前有十几种化学品肯定与儿童的大脑和其他器官的发育障碍有关,而且可以确定的是,这些化学品可导致智力下降、行为障碍、注意缺陷多动障碍和孤独症谱系障碍等。通过艰难的医学研究,科学家已经明确了这些化学品的作用与儿童发育异常有关系的每个复杂难题。然而,虽然暴露于这些化学品环境中的危害很明晰,但一代又一代的儿童已经并将继续暴露于铅、汞、多氯联苯、杀虫剂、多环芳烃、溴化阻燃剂、双酚 A 和邻苯二甲酸酯等化学品中。

紧接着"冰山"顶端的第二层显示,大约有 200 种工业化学品具有神经毒性,能够破坏大脑和神经系统。针对暴露于工业环境中的职业人群的研究发现,这些化学品对职业暴露的成年

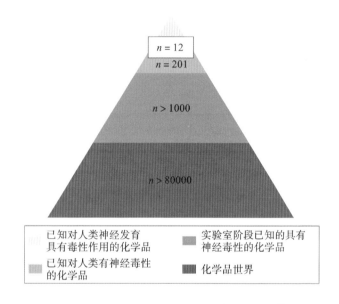

图 2.2　显示人们对化学品了解程度的"化学品冰山"图

资料来源：Grandjean，P，Landrigan　P　J，Developmental　Neurotoxicity　of Industrial Chemicals：a Silent Pandemic. Lancet，2006；368；2167-2178.

工人的大脑产生毒性作用。当这些化学品在工人中引起严重的、临床症状明显的急性效应时，它们就会被确定为具有神经毒性。但这些化学品对儿童可能造成的伤害却从未被检测过。

"冰山"的第三层显示，有 1000 多种化学品被怀疑或证明对动物有神经毒性。同样，尽管这些化学品很可能引起人类健康问题,但它们从未在任何年龄的人群中进行过测试。总之,目前世界上至少有 1200 种消费品和工业化学品可能会对儿童的大脑和神经系统造成损害,而且人们从来没有测试过它们对儿童的毒性作用。

"冰山"底部最大的部分显示了过去 50 年来生产的 80000 多种新合成化学品的情况,目前人们对这些化学品的毒性知之甚少。然而,儿童每天都暴露于这些未知数量的化学品中。

如果不采取措施,这个问题可能会继续加重吗?

答案是肯定的。

化学品暴露问题在美国和世界其他国家都在继续加重。每月都会产生新的化学品,全球人造化学品的产量每年以超过 3% 的速率增长。

今天,随着贸易全球化,化学品制造越来越多地转向发展中国家,这些国家的劳动力成本低,而且往往很少有环境和公共卫生保护措施。发展中国家的化学品污染日趋严重,危险废弃物不断增加。预计未来几年这些问题可能会更加严重。

与此同时,与污染相关的非传染性疾病如哮喘、心脏病、中风和癌症等,现在正在以前很少见到这些疾病的国家流行。发达国家和发展中国家曾经存在显著差异的疾病谱正在趋于相同。

3 儿童对环境中有毒化学物质的特殊易感性

儿童比成人更容易受到环境中有毒化学物质的伤害吗？

儿童暴露于有毒化学物质环境中的机会远远大于成人，加上他们纤弱而又易感的生物学特性，儿童对有毒化学物质的反应比成人敏感得多。

有哪些历史证据支持儿童易受环境中有毒化学物质的伤害这一论点？

曾经发生的两起悲剧性事件，20 世纪 50 年代至 60 年代发生在欧洲的沙利度胺（反应停）事件和 20 世纪 60 年代至 70 年代发生在美国的二乙基己烯雌酚事件，是人们的认识发生改变的分水岭，此后，人们普遍认识到儿童对有毒化学物质特别敏感。

沙利度胺是一种开发于 20 世纪 50 年代的合成化学品。作为一种镇静剂和止痛剂，它能够有效缓解女性在妊娠早期的晨吐症状，因此被作为缓解恶心和呕吐的处方药，并在欧洲的孕早期妇女中广泛使用。

在开始使用沙利度胺控制晨吐后的一年内,欧洲的儿科医生发现越来越多的婴儿在出生时出现四肢短缺的症状——被称为"海豹肢畸形",这是一种先天性畸形,婴儿的四肢,通常是胳膊,非常短或缺失。几乎所有受影响的婴儿在子宫中时都曾暴露于沙利度胺中。研究发现,在怀孕34天至50天期间服用沙利度胺的危害最大,因为这段时间正好是胎儿四肢发育的阶段。

除了影响肢体形成外,沙利度胺还与婴儿出现眼、耳、心脏、消化道和泌尿道等的畸形有关,它还会导致失明、耳聋并增加患自闭症的风险。畸形的形式与暴露的确切时间有关,因为婴儿的不同器官是在怀孕期间的不同时间形成的。

沙利度胺从未在美国获得过上市许可,这要归功于在美国食品药品管理局(Food and Drug Administration,FDA)工作的内科医生弗朗西丝·凯尔西(Frances Kelsey)博士,她对这一药品在动物实验中的表现表示担忧。尽管如此,这种药物还是被当作处方药广泛地应用于世界各地的孕妇,在沙利度胺被从药房撤除并停止流行之前,已有了1万多例海豹肢畸形病例报告(仅德国就有8000例)。然而接受这种药物治疗的母亲的身体却没有受到影响。

第二个悲剧与二乙基己烯雌酚有关，它是一种 20 世纪 40 年代开发的合成雌激素。在 20 世纪 60 年代和 70 年代初，它被当作处方药在多达 500 万的美国孕妇中使用，以防止自然流产和促进胎儿生长。10 年后，妇科医生开始在年轻女性中观察到一种罕见的癌症——阴道腺癌。这种癌症多发生于青春期女孩和年轻妇女。

经过细致的医学调查，人们发现绝大多数患阴道腺癌的年轻女性在她们母亲的子宫中时都曾暴露于二乙基己烯雌酚中，而她们母亲的身体却没有受到影响。进一步的长期跟踪研究表明，服用二乙基己烯雌酚的孕妇，其女儿在 40 岁以后患乳腺癌的概率增加了 2.5 倍，并且其儿子也可能会出现生殖异常。

沙利度胺和二乙基己烯雌酚的悲剧以惨痛的教训表明，胎儿和儿童，尤其是胎儿，对环境中的有毒化学物质比成人敏感得多，并可能遭受成人生活中无可比拟的独特形式的伤害。此外，在沙利度胺和二乙基己烯雌酚的悲剧发生之前，人们普遍认为胎盘是一道不可逾越的屏障，可以保护胎儿免受有毒化学物质的伤害。但现在人们认为这种观点是不正确的，因为以上这些事件证明，有毒化学物质可以穿过胎盘进入未出生胎儿的体内。

为什么儿童对有毒化学物质如此敏感？

在沙利度胺和二乙基己烯雌酚的悲剧发生后的数年里进行的研究发现,儿童和成人在接触模式和敏感性方面存在的重大差异,是儿童对有毒化学物质易感的原因。

美国国家科学院(National Academy of Sciences, NAS)在1993年的一份题为《婴幼儿饮食中的杀虫剂》的报告中编入了这一领域的许多知识。这项分析是由美国参议院农业委员会委托进行的,其起因是人们越来越担心儿童接触到水果和蔬菜中的有毒的甚至可能致癌的杀虫剂。报告发现,儿童易受有毒化学物质伤害的原因是儿童和成人之间存在以下 3 个关键差异。

(1) 按照体重比例来看,儿童接触到的有毒化学物质比成人多。

儿童新陈代谢的速度远高于成人。例如,儿童的呼吸频率约为成人的 2 倍,因此,儿童吸收空气中毒素的风险更大。同时,儿童每磅体重比成人的消耗更多的食物,吸收更多的水。

比如,儿童每磅体重消耗的食物量是成人的 3 到 4 倍,6 个月大的婴儿每磅体重摄入的水分约为成人的 7 倍。

　　在实际饮食方面,你也会发现儿童和成人在饮食接触方面的差异非常显著。一些儿童在某些特定时期会摄入大量特定的食物,比如牛奶、果汁和水果等。如果这些食物碰巧被高浓度的杀虫剂污染了,更糟糕的是,如果它们被多种杀虫剂污染了,那么儿童身体内这些化学物质的累积剂量就可能相当大。

牛奶的选择也要从生产加工的源头开始关注
Photo by Vera Cho on Unsplash

儿童与成人的另一个不同点是,儿童的体表面积与体积之比更大,皮肤的渗透性更强,这两个因素使儿童通过皮肤吸收的有毒化学物质比成人多。

儿童的行为进一步加剧了他们对有毒化学物质的摄入。大多数儿童都在积极地探索他们所处的环境,而且儿童经常把东西放进嘴里,包括手以及他们捡起来的玩具和查看的东西。这种正常的口腔探索行为可以导致儿童对有毒化学物质的大量摄入。

儿童大部分时间所处的物理环境也与成人的不同,这些差异也可能会增加他们的接触机会。儿童,尤其是婴幼儿,大部分时间都待在地板上。因此,他们有极大的风险接触可能被铅、溴化阻燃剂或杀虫剂污染的室内灰尘。初学走路的儿童,由于身材矮小,呼吸的空气比成人呼吸的空气离地面近得多。因此,他们吸入溶剂或杀虫剂蒸气的风险更大,这些气体可能在地板附近形成气流层。此外,儿童还会长时间待在学校的教室环境和操场环境中,而教室和操场可能建在条件不够理想的地方,那里设施可能陈旧、维护不善,而且通风不良。

（2）儿童的代谢途径不成熟。

儿童降解和排泄有毒化学物质的能力与成人不同。在某些情况下，儿童受到有毒化学物质伤害的风险其实较低，因为他们无法将这些化学物质转化为它们的活性形式。但在大多数情况下，儿童更容易受到伤害，因为他们比成人更难降解和排泄有毒化合物。因此，许多有毒化学物质在排泄前在儿童体内停留的时间更长。

例如，研究表明，曾有科学家在成人和儿童体内检测出一种常见杀虫剂（毒死蜱，一种用于草坪和花园的有机磷农药）的残留，如果成人体内降解一定量的该残留需要 6 小时，那么儿童体内则需要 36 小时。这使得有毒杀虫剂对儿童身体造成伤害的时间延长了 5 倍。

（3）儿童正处于快速成长和发育的阶段，他们脆弱的发育过程很容易受到干扰。

儿童有着极其复杂和微妙的发育过程，这些过程被比作复杂的交响乐，在交响乐中，每种乐器必须在精确的时间演奏正确的音符，否则演奏出来的音乐就会一团糟。在怀孕的 9 个月里，这些过程就像时钟一样精确。这些过程在出生后还会持续,经过幼儿期,甚至进入青春期和成年期(图3.1)。

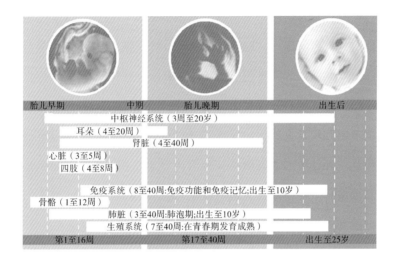

图 3.1　人类发育的各个阶段

资料来源:该图片由美国国家环境卫生科学研究所的杰罗尔德・海因德尔
(Jerrold Heindel)博士提供。

在怀孕的 9 个月里,乐团以令人眼花缭乱的速度演奏。在这期间的每一天、每一小时甚至每一分钟,发育中的胎儿身上都发生着重大的、显著的变化。为了让胎儿能正常发育,计划中的事件必须发生在特定的时间。细胞以复杂的"舞蹈"模式增殖和分化,组成大脑和神经系统,并形成四肢和面部。与此同时,其他细胞正在分化和发育成为人体的内脏器官、免疫系统和生殖器官等。

所有这些快速的变化都受到激素的密切调控。激素是由体内的内分泌腺——脑垂体、甲状腺、肾上腺、卵巢和睾丸等分泌的功能强大的微量化学物质。激素是信号化学物质，它们指示体内的细胞打开或关闭"开关"，调节细胞活动的快慢。激素调节胎儿和儿童的生长发育、年轻人的生殖和老年人的衰老过程等。人体中的激素网络被称为内分泌系统。把内分泌系统想象成一个复杂的计算机系统，在这个计算机系统中，信息在细胞间的传递是通过化学信使而不是电信号。

儿童的发育不会在出生时就停止。在婴儿期、儿童期和青春期，复杂的生长和发育同样进行着。婴儿在成长为幼儿的过程中，几乎每天都在发展新的能力和行为，这种持续的快速发展是显而易见的！童年定义的本身就意味着，除了童年时期，一个人在一生中的任何时候都不会再经历这样的快速的变化和发展。

从童年到成年早期，内分泌系统就像管弦乐队的指挥通过挥舞指挥棒指挥乐队一样，在精确的时间点释放激素，来告诉身体接下来要做什么。有时，特别是在童年早期，管弦乐队的演奏会非常快。在童年晚期，它的速度会慢下来，直到青少年时期再次加快。最终，随着成年早期的到来，儿童发展的管弦乐交响曲弹奏了它最后的和弦。

这种早期人类发育的巨大复杂性创造了易感性的窗口期，即对有毒化学物质高度敏感的时期。这种窗口期只存在于生命早期，在成年期则没有对应的时期。

大多数易感性的窗口期出现在怀孕的 9 个月里，其他窗口

胎儿对有毒化学物质更敏感
Photo by Suhyeon Choi on Unsplash

期则出现在儿童早期。在这些敏感时期,如果孕妇接触了即使不会对成人产生不良影响的微量有毒化学物质,也可能会对胎儿和儿童的大脑、生殖器官、免疫系统和其他器官系统造成永久性的损伤。

与成人相比,儿童未来的生存期还很长,这就意味着儿童有更长的时间来演化由于早期接触有毒化学物质所致的疾病。许多由有毒化学物质引发的疾病,比如恶性肿瘤和脑部疾病,现在被认为是经过多年甚至几十年的演变而来的,这段演变时间被称为潜伏期。一些神经系统疾病,如帕金森病和某些癌症,现在被怀疑与生命早期,尤其是在子宫内时接触环境中的有毒化学物质有关。

根据对儿童对有毒化学物质敏感性的分析,美国国家科学院在 1993 年《婴幼儿饮食中的杀虫剂》的报告中总结道,当时在美国生效的法律法规中没有充分保护儿童免受杀虫剂和其他有毒化学物质伤害的条文。该报告建议对美国的农药法进行根本性的修订,以便更好地保护儿童的健康。

美国国家科学院发表的题为《婴幼儿饮食中的杀虫剂》的报告给公共政策带来了什么变化？

美国国家科学院发表的题为《婴幼儿饮食中的杀虫剂》的报告促进了公共政策的深刻转变，这种改变首先是在美国，然后是在全球范围内发生。报告中经常引用的结论是"儿童不是成人的缩小版"。这一简明扼要的结论把以前被忽视的儿童对有毒化学物质的敏感性问题提到了国家政策的最高层面。

在美国国家科学院的报告发布之前，美国几乎所有毒理学研究以及环境健康方面的风险评估和政策制定都专注于保护普通成人。这些研究没有考虑到胎儿和儿童独特的接触途径或特殊的易感性。

监管农药残留的陈旧做法就是一个很好的例子。在美国国家科学院的报告发表之前，市场上出售的水果和蔬菜所允许的农药残留水平（称为耐受水平）被设定为对成人安全的水平。

然而，这种设定有两个缺点。首先，过去的农药耐受水平的设定不是以健康为基础的。相反，这种设定试图在保护人类健康和降低监管成本之间取得平衡。通常情况下,天平会向对公众健康不利的一面倾斜。第二个缺点,甚至更严重的缺点是,过去的法律法规没有考虑到婴幼儿独特的接触途径或特殊的易感性。这些法律法规假设人口仅由成人组成,认为单一的耐受水平将保护所有年龄段的人不受农产品中农药的影响。

美国国家科学院的报告从根本上改变了这一点。它给了立法者一种看待农药和其他有毒化学物质危害的新方法。它为 1996 年美国有关农药使用的法律——《食品质量保护法》奠定了知识基础,这也是美国首部做出保护儿童的明确规定的法律。令人欣慰的是,这项法律在 1996 年经美国国会参众两院一致通过,并由当时的总统签署生效。

美国国家科学院《婴幼儿饮食中的杀虫剂》报告发布以来的 20 多年里发生了什么?

自美国国家科学院发布报告和《食品质量保护法》通过以来的 20 多年里,和环境与儿童健康相关的研究呈指数级增长,环境与儿童健康已成为儿科一个引人瞩目的重要研究领域,人们对环境与儿童健康的认识和理解逐步深入。在此期间,人们了解到的许多东西构成了本书的基础。但是,尽管在知识方面取得了这些进展,但是大部分儿童每天仍在继续接触环境中的有毒化学物质,直到美国环境保护署和美国国会将这些知识转化为保护行动,这一情况才有所改善。

国际机构正在为环境与儿童健康做哪些工作?

1997 年,八个主要经济体国家(八国集团)在美国迈阿密的一次会议上发表了一项宣言,支持保护儿童健康免受环境中有毒化学物质的伤害。这八个国家——美国、加拿大、英国、法国、德国、意大利、日本和俄罗斯——在宣言中同意将保护儿童健康不受环境威胁作为国家优先事项。

世界卫生组织是否参与保护儿童健康免受环境的威胁?

世界卫生组织已深度致力于保护儿童健康免受环境的威胁。1999 年,在已故珍妮·普龙丘克·德加尔比诺(Jenny Pronczuk de Garbino)博士(一位来自乌拉圭的世界卫生组织医生)的富有号召力的领导下,世界卫生组织成立了保护儿童健康免受环境威胁的工作小组。

世界卫生组织工作小组的目标是研究儿科疾病和环境变化的趋势,并制定以证据为基础的战略,以预防与化学和物理危害有关的疾病和出生缺陷。该小组的一项重大发现是,环境中的化学、物理和生物危害造成了全世界 23％的人口死亡,以及约 25％的 5 岁以下儿童的死亡。这一强有力的结论至今仍在影响全球的卫生政策。

世界卫生组织还发布了重要报告,详细记录了不良环境对儿童健康的影响。其中一份重要报告《继承可持续发展的世界:儿童健康和环境地图集》已于 2017 年出版。

4　环境中的有毒化学物质与儿童疾病之间的关联

近几十年来,有关环境中的有毒化学物质与儿童疾病之间联系的认识有了长足发展,而且强有力的医学和科学证据体系也在不断发展壮大。关于化学暴露与儿童疾病之间的关联,现在每个月都有新的发现。

本章讲述了这些关联性是如何被发现的。它总结了我们目前已知的儿童疾病与有毒化学物质之间的联系,描述了未来儿童环境健康研究的可能方向,即研究环境对儿童健康和疾病影响的儿科新分支,并总结了家长需要知道的有毒化学物质与儿童疾病之间联系的知识。

是什么原因导致最近关于有毒化学物质对儿童健康影响的研究激增?

有两个驱动力促成了这个科学大发现的时代。这一切始于美国国家科学院在 1993 年发表的题为《婴幼儿饮食中的杀虫剂》的报告。该报告的发表,连同 1996 年通过的《食品质量保护法》(见第 3 章),促使保护儿童免受环境危害成为美国国家层面的优先事项,并促进了对儿童健康与有毒化学物质之间关联性研究的增加,这是第一个驱动力。这项研究证实了以前从未被怀疑过的导致儿童疾病的环境原因。这些研究成果已经成功指导了疾病预防计划，并极大地提高了学生、家长、教师、机构官员、政策制定者和其他公众关于环境因素对儿童健康影响的重视度。

第二个驱动力是在过去 30 年里，儿童非传染性疾病(例如哮喘、癌症、自闭症、注意缺陷多动障碍、出生缺陷、肥胖症和糖尿病)的数量急剧增加。

以下 5 个领域的科学进步对于提高人们对有毒化学物质引起儿童疾病的认识尤其重要：

(1) 认识到化学毒性可能会在无症状或症状轻微的儿童中发生，即亚临床毒性。

(2) 了解亚临床毒性的社会意义。

(3) 基于不断进步的暴露测量技术所开展的更强大的流行病学研究。

(4) 利用更加有效、敏感的新型生物标志物开展的强有力的研究。

(5) 人类基因组的解码——这使科学家能更好地理解环境对基因的影响，并理解为什么不同的儿童对有毒化学物质有不同的个体易感性。

有毒化学物质会导致没有症状或症状轻微的儿童出现健康问题吗？

答案是肯定的。

亚临床毒性是指有毒化学物质可以在不产生任何症状的情况下引起儿童的健康问题。亚临床毒性也被称为沉默毒性。虽然亚临床中毒不会引起明显的临床症状，但其损害可能是显著的，并可通过智商测试、X 射线、肺功能检测或其他儿童健康评估来观察。

相比之下，当因暴露于高剂量的有毒化学物质中而中毒时，儿童的症状就会很严重且非常明显。急性高剂量儿童铅中毒可致严重症状，如癫痫发作、脑损伤甚至死亡。严重的母体急性甲基汞中毒会导致胎儿宫内暴露，从而导致出生后的孩子出现严重智力低下的问题。在 20 世纪 50 年代和 60 年代，日本的水俣市（Minimata）发生了急性甲基汞中毒事件，母亲吃了被工厂含汞废水污染的鱼后，造成腹中胎儿宫内暴露，致使胎儿出生以后出现严重智力发育迟缓。这种严重的、高剂量的中毒事件实际上只是冰山一角中的可见部分。

亚临床毒性则是冰山中大而不可见的部分,只有在我们特意搜寻时才会发现。父母可能会忽略亚临床毒性所带来的细微的健康问题,并且在常规的儿科检查中这些问题并不明显,因此其被称为亚临床毒性。亚临床毒性只有通过特殊的测试,如智商测试或神经行为评估,才会被发现。

就铅中毒而言,亚临床毒性在 20 世纪 70 年代对暴露于铅环境中的儿童的研究中首次得到确认。其中规模最大也最重要的研究是由儿科医生和儿童精神病学家赫伯特·L.内德勒曼指导完成的。严格的临床和流行病学评估表明,即使是极低水平的没有产生明显临床症状的铅暴露,也能造成儿童"无声"的脑损伤,并导致儿童智力下降、注意力持续时间缩短和显著的行为改变。

对铅暴露儿童进行长期随访后发现,他们的阅读困难率、学业失败率和入狱率都持续上升。内德勒曼等人的研究表明,亚临床毒性可对儿童的大脑和神经系统造成严重伤害,并持续一生。

甲基汞引起的亚临床毒性已经在遭受产前甲基汞暴露的

婴儿中被发现(通常,因暴露水平太低大部分婴儿没有表现出明显的症状)。新西兰的一项研究表明,儿童在出生前暴露于甲基汞中会导致智商下降 3 个百分点,且伴随行为的改变。在丹麦法罗群岛,一项关于儿童产前暴露的大型研究也发现了儿童在记忆力、注意力、语言和视觉空间感知方面存在缺陷的证据。损伤的严重程度与甲基汞暴露的严重程度直接相关。在塞舌尔群岛的另一项研究也发现了胎儿期甲基汞暴露引起神经毒性的一些证据。美国国家科学院对这些研究进行了综述,并得出结论,目前有强有力的证据可以表明,即使在低水平暴露下,甲基汞也会对未出生胎儿的大脑和神经系统造成伤害。

亚临床毒性的概念现已远远超出了铅和甲基汞的毒性范围,它包括了一系列对儿童多器官系统造成不良影响的有毒化学物质。虽然亚临床效应在个体层面上可能较小,但在人群水平上的总体效应可能产生深远的经济影响,并带来严重的社会后果。

亚临床毒性对社会有何影响?

当亚临床毒性或沉默毒性在儿童中普遍存在时,它会产生深远的社会和经济后果。广泛接触有毒化学物质会损害发育中的大脑和神经系统,这是特别危险的,因为这些化学物质造成的损害很隐蔽,如果不知道如何寻找,它是不容易被发现的。大多数国家所保存的卫生统计数据并没有指出这一点,而且这种情况可能会持续很长一段时间。这对社会造成的实质性损害有可能导致需要特殊教育服务的儿童的数量增加,更多的儿童可能有注意缺陷多动障碍和行为问题,从而限制了他们成年后对社会做出充分贡献的能力。

儿童铅中毒的暴发就是一个典型的例子。从 20 世纪 20 年代到 80 年代初,数百万美国儿童接触到过量的铅,当时铅(以四乙基铅的形式)经常被添加到汽油中以提高发动机性能。在 20 世纪 70 年代的高峰时期,美国汽油中四乙基铅的年消耗量接近 10 万吨。几乎所有这些铅都是通过汽车和卡车的排气管排放到环境中的。它们造成了大面积的环境污染,特别是对于城市内部和公路沿线的影响最明显。此时,美国儿童的平均血铅水平接近 200 微克/升。

伴随着智力下降,注意力持续时间缩短和行为问题的出现,在那个时代出生的成千上万的儿童遭受了无法识别的脑损伤,而这些都是由含铅汽油的使用所致。据估计,亚临床铅中毒的暴发可能使智力较高儿童(智商在 130 分以上)的数量至少减少了 50%,同样导致智商低于 70 分的儿童的数量增加了 50%以上(见图 4.1)。仅在美国,在使用含铅汽油的 40 年中,暴露于含铅空气中的儿童总数约为 1 亿。

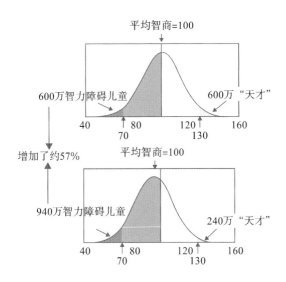

图 4.1 1 亿名暴露于铅污染环境中的儿童智商下降 5 分造成的智力损失

资料来源:该图片由罗切斯特大学伯纳德·韦斯(Bernard Weiss)教授授权。

　　由于普遍存在的铅暴露,在学校表现不佳的儿童人数增加,他们需要特殊教育和其他补救方案,否则这些儿童在成年后无法为社会做出充分的贡献。与此同时,智商较高的儿童人数有所减少。

　　古往今来,有毒化学物质对社会的破坏可能都是灾难性的。一些历史学家推测,罗马帝国的衰落可能是由普遍存在的铅中毒所引起的。众所周知,罗马人使用铅(一种软性金属)来铺设从山区到城镇的输水管道。罗马民众在供水中接触到铅,这可能导致其智力下降和生育能力降低,尤其是上层阶级,他们还使用一种特殊的含铅混合物使葡萄酒变甜。

铅作为一种软性金属,应用广泛
Photo by Peter Döpper on Pexels

用什么研究方法来确定有毒化学物质暴露与儿童疾病之间的联系？

为了找到儿童疾病与有毒化学物质暴露之间的联系,研究人员需要对暴露情况和疾病进行准确的测定。流行病学研究(对人群疾病的研究)的新方法正被用于研究有毒化学物质暴露对儿童群体的影响。

有一项被称为前瞻性出生队列研究的标准的流行病学研究项目招募了孕妇志愿者,并由研究人员测量孕妇在怀孕期间的环境暴露情况,继而研究她们的孩子在整个童年及以后的健康状况。前瞻性出生队列研究项目的规模通常是非常大的,会招募很多孕妇志愿者。参与研究的儿童会接受定期的随访,这项研究历时很多年。

由于技术的进步,前瞻性出生队列研究项目已成为科学研究儿童疾病受环境因素影响的有力工具。假如今天研究人员正在进行一项涉及室内空气污染的研究,他们就无须再利用统计模型来估算一天中不同时间的空气污染情况。相反,研究人员可以使用背包中高度精密的便携式空气采样器收集公寓的空气样本,以准确地测量孕妇志愿者在整个怀孕期间接触到的空气污染状况。同样,也可以测量孕妇志愿者在怀孕期间接触的其他有毒化学物质,如铅、二手烟或农药等。前瞻性出生队列研究项目的一个巨大优势在于,在发现环境暴露对儿童健康造成影响之前的几个月或几年,它能够实现对志愿者的环境暴露情况进行实时评估。通过这个项目,研究人员可以建立环境暴露与儿童疾病之间的科学联系,其调研数据不再仅仅依赖于儿童母亲对过去环境暴露情况的回忆。

现在,环境暴露科学的相关技术已经扩展到可以在实验室里通过测量血液或体液中的化学物质或人体代谢物来准确测定人体接触环境中化学物质的程度。随着技术的进步,测量个休对有毒化学物质的易感性也正在成为可能。研究疾病成因的科学家们越来越有能力研究基因与环境的相互作用,并探索环境暴露如何影响人类基因组。

通过这些新工具,在环境儿科学领域,有关环境暴露对儿童健康影响的研究的科学新成果已经开始加速涌现。

随着设计缜密的前瞻性出生队列研究项目日益增多,一系列关于环境暴露与儿童疾病之间以前未被认识的关联信息被人们所熟知。随着有关环境暴露和儿童疾病之间联系的知识的不断积累,我们期待可以快速确定哪些有毒化学物质需要从环境中去除,以保护我们孩子的健康。

目前儿童环境健康研究中使用了哪些新工具?

现在,当研究人员想确定某种环境化学物质是否会导致儿童疾病或紊乱时,他们会使用两种重要的新技术工具:

(1) 灵敏且可靠的疾病生物标志物,可在早期或亚临床阶段检测疾病或病症。

(2) 对特定化学物质或化学物质组合感应而产生的灵敏且特异的生物标志物。

什么是疾病的生物标志物?

在 20 世纪初期,当医生首次发现儿童急性铅中毒时,该疾病的生物标志物或生物表征就是这种疾病的症状。在那个时代,儿童接触的铅的剂量比现在高得多,症状也很明显,包括呕吐、痉挛、精神紊乱、抽搐甚至死亡等。这些症状是明显的铅中毒标志。

在 20 世纪 60 年代和 70 年代,当研究人员在较低接触水平下识别出亚临床铅中毒时,他们依靠更细微的生物标志物(如血铅水平、智商测试和神经传导研究等)来做出诊断。

当今的先进技术允许检测疾病的生物标志物,这些生物标志物是儿童体内微小但可测量的生化改变,或细胞内的破坏(表观遗传改变),或基因的破坏(基因突变)。

新技术中应用新的敏感而可靠的生物标志物的一个例子是用实验室检测手段测试一位妇女是否在受孕后几小时、几天或几周内,甚至在她还没有意识到她怀孕之前,就失去了发育中的胚胎。生物标志物检测的另一个例子是肺功能检测,用以诊断与儿童暴露于空气污染中有关的肺功能下降。

什么是有毒化学物质暴露的生物标志物?

当一种有毒化学物质进入人体时,它通常会留下生化足迹。如今,人们已经开发出非常复杂的针对铅和其他有毒化学物质暴露足迹的测试。

例如,几十年前人们就已知当铅进入人体时,其中一些会沉积在牙齿和骨骼中。作为 20 世纪铅研究的先驱,赫伯特·L. 内德勒曼通过寻求波士顿地区小学孩子们的帮助,获赠了他们的乳牙,准确地确定了他们在生命最初的 6 至 7 年中的累积铅暴露量。他的研究使人们对铅的亚临床效应有了非常清楚的认识,并意识到铅暴露不存在安全剂量。

今天,新的生物成像技术正在扩展这一概念,并提供了大量来自牙齿的重要的新数据。牙齿的生长环类似于树木的年轮,在怀孕期间和童年早期每天都会形成一个新的环。在树木中,每一圈年轮都可以提供有关生长季节的具体的环境信息——气候湿润还是干燥,营养供应的充足程度,等等。富有创造力和天赋的研究人员认为,我们同样可以来挖掘牙齿的相关数据,以获得婴儿出生前后的有毒化学物质暴露的信息。令人兴奋的是,用于从脱落牙齿的不同区域提取数据的精确技术,使得研究人员得到了大量关于婴儿出生前的锰和铅等有毒化学物质暴露的信息。其他新增的生物标志物也使得证实胎儿期和儿童时期的有毒化学物质暴露,与儿童疾病的发生,甚至长大以后的疾病发生之间关系的研究证据呈爆炸式增长。

最近,研究人员开发了一种基于解码人类基因组能力的技术,以证明有毒化学物质确实影响了导致疾病的基因。研究人员利用高度精密的实验室技术做的一项研究揭示,本书中讨论的农药及许多其他干扰内分泌的化学污染物优先作用于那些与自闭症相关的目标基因。这项研究只是近期大量相关研究中的一项,这些研究发现,有毒化学物质与自闭症、神经发育问题、生殖和内分泌系统异常等疾病之间存在重要联系。

目前有哪些儿童疾病与有毒环境暴露有关?

关于儿童疾病和有毒环境暴露,目前有 5 个令人关切的研究领域:哮喘和其他呼吸道疾病、儿童癌症、神经发育障碍、生殖障碍和内分泌干扰物以及儿童肥胖症。

哮喘和其他呼吸道疾病

婴儿和儿童对空气污染非常敏感。一名 5 岁儿童每小时吸入约 25 升空气,每天吸入超过 600 升,平均每磅体重比成人吸入更多。因此,大量吸入的污染物可以沉积在儿童稚嫩的呼吸道黏膜和肺泡膜上。由于免疫系统不成熟,儿童比成人更容易出现呼吸道感染,从而导致打喷嚏和流鼻涕。他们发育中的呼吸系统和肺功能也因此更易受到室内和室外空气污染的影响。

居住在污染源,例如被污染的城市街道,高速公路或工厂的烟囱等下风向的儿童,每天都暴露在这些燃烧源造成的高水平空气污染中。天气系统在全国范围内从西向东移动,可携带来自工厂和农业的多种污染物,包括重金属、有毒化学品和农药等。锅炉中重油(♯4 和♯6 取暖用油)的燃烧则是城市空气污染的另一个来源。

市区空气污染主要是由汽车、卡车等机动车辆排放的汽油和柴油废气造成的。当燃烧产生的碳烟和刺激性有毒气体的

工厂排放的废气也会进入儿童的生活环境中
Photo on Pexels

细小颗粒污染物暴露在阳光下时,会与氧气反应产生含有一氧化碳、氮氧化物、二氧化硫和臭氧的有毒烟雾,所有这些烟雾都会刺激肺部和呼吸系统。

　　在潮湿、炎热、无风的夏季,空气污染物的含量可能非常高,尤其是在臭氧水平达到峰值的白天。随着夜幕降临,臭氧水平下降,但细小颗粒污染物依然存在。因此,"恶劣的空气"可以一直持续到夜间和其他污染物消散的时候。有些颗粒很小,可以深入肺部并能被输送到血液中,将硫氧化物、重金属和

机动车排放的尾气也会污染环境
Photo by mohiuddin Farooqui on Unsplash

其他有毒物质的有毒混合物直接带入儿童体内。

室内空气污染可能包含大量的香烟烟雾,以及通风不良的家用炉灶、火炉和壁炉的燃烧产物。当房屋通风良好时,室内空气污染水平接近室外空气污染水平,但当房屋因供暖或使用空调而关闭门窗时,特别是当房子里有吸烟者或通风不良的火炉、壁炉时,室内空气污染水平则会迅速上升。

暴露于室内或室外污染的空气中会对儿童产生直接影响,会造成无哮喘儿童喘鸣和呼吸急促,并导致已患哮喘的儿童哮喘发作频率和严重程度增加。空气污染也会引起支气管炎和肺炎。其结果是学校缺课人数和医院住院人数不断增加。

以下是空气污染对儿童的一些影响:

(1) 空气污染越严重,哮喘患儿病例越多。

(2) 长期暴露于含高浓度细颗粒物的空气中的婴儿更可能死于婴儿猝死综合征(sudden infant death syndrome,SIDS)。

(3) 怀孕期间暴露于空气污染中的妇女更有可能早产或产下低体重儿。

(4) 暴露于二手烟环境中的儿童比未暴露于二手烟环境中的儿童哮喘发病率高。

（5）对比生活在轻度空气污染地区的儿童与生活在市区并暴露于机动车和工业来源的重度空气污染环境中的儿童,后者因患哮喘和呼吸道疾病而住院的比例更高。

即使在短时间内减少空气污染,也可以减少因哮喘或呼吸道疾病而住院的儿童的数量。在举办奥运会的城市中进行的一些著名研究已证实了这一点。为筹备 1996 年美国亚特兰大夏季奥运会,主办方与市政府合作,通过限制全市范围内的机动车行驶来减轻空气污染。这期间哮喘儿童到医院急诊室就诊的次数显著减少(Friedman 等,2001)。同样,在 2008 年中国北京夏季奥运会期间进行的一项研究发现,即使在奥运会期间短短的两周时间内,减少室外空气污染也可减少哮喘患儿的医院急诊就诊次数(Zheng 等,2015)。

长期减少空气污染可以为儿童的健康带来巨大的好处。美国的一项研究表明,在 2001 年至 2008 年,洛杉矶的空气污染水平下降,儿科哮喘住院人数逐年减少。相反,当污染严重时,则有大量的儿童因哮喘住院(Delamater 等,2012)。

当今世界日益严重的污染问题对哮喘儿童来说是非常不友好的。此外,一些已经释放到环境中的污染物是持久性的环境污染物,这些污染物将在我们和我们的子孙后代体内存留几十年,甚至影响好几代人。美国疾病预防控制中心进行的年度调查表明,当今大多数美国人的体内都可检测出大约200种化学品。我们广泛接触的一些化学物质可能会改变我们的正常生理过程。

儿童癌症

儿童癌症的发病率正在上升。虽然针对儿童癌症的新疗法给家庭和儿童带来了延长寿命的希望,儿童癌症的死亡率也有所下降,但每千名儿童中新发癌症病例的数量(发病率)仍在上升。保护儿童免受癌症侵害的最佳方法是确定癌症的致病因素,然后采取措施避免儿童接触到这些因素。

儿童癌症中只有10%至20%是遗传性的。其余的80%至90%是由环境因素如环境中的化学和物理因素所致的,这些因素被称为环境致癌物(致癌物是致癌物质或致癌剂)。一些环境致癌物(如辐射)直接损伤基因。另一些则成为细胞的一部分,并修改调节基因的开关,从而混淆了激素给出的正常发育指令。这些表观遗传改变不仅会损伤细胞,还会影响发育中的儿童,导致多种类型的健康问题。但是这方面的研究前景也令人鼓舞——一旦识别出环境致癌物,我们就能更好地消除环境致癌物,从而更有效地预防癌症和其他疾病。

既然人类基因组的DNA(脱氧核糖核酸)已经绘制完毕,研究人员就有了一个强有力的工具来识别环境致癌物,这些致癌物是癌症的致病因素。关注基因与环境相互作用的研究现在可以与基于人群的流行病学研究获得的信息联系起来。研究人员正致力于分析基因与环境之间相互作用的机制,以便了解环境中的有毒化学物质是如何导致儿童癌症、发育迟缓和生殖功能障碍等疾病的。这项基于人群的基因研究将有助于确定儿童癌症和环境毒素之间的联系,并将有助于识别可能拥有相同机制的其他有毒化学物质。

大多数儿童癌症是在孩子出生后的头5年内被诊断出来的,第一年的发病率最高。最常见的儿童癌症是白血病,其次是淋巴瘤和脑癌。

有毒化学物质与儿童癌症之间存在着已知的联系,但需要更多的研究来分析为什么越来越多的儿童会得癌症。由于许多儿童癌症出现在儿童生命的早期,所以研究将注意力集中在产前接触的致癌物上,这些致癌物是导致儿童癌症数量不断增加之谜的一部分。

有许多已知致癌物会增加儿童和成人患癌症的风险。这里将简要介绍一部分致癌物,其中包含来自国际癌症研究机构、美国国家癌症研究所、美国环境保护署和美国疾病预防控制中心的信息。

黄曲霉毒素是一种有毒化学物质,在温暖潮湿的气候下,由生长在花生、玉米和其他坚果上的各种真菌和霉菌产生。黄

儿童可能会接触到由被真菌污染的花生制成的花生酱中的黄曲霉毒素
Photo by Tania Melnyczuk on Unsplash

曲霉毒素可导致摄入受污染食品的人患肝癌。肝脏受损或慢性乙型肝炎感染者罹患癌症的风险最大。儿童可能会接触到由被真菌污染的花生制成的花生酱中的黄曲霉毒素。

空气污染是我们现在所呼吸的气体化的"有毒化学汤"。室外空气污染包括来自汽车尾气和工业烟囱的碳烟微粒,以及来自燃料燃烧的有毒气体——氮氧化物、一氧化碳或其他化合物。这些细小颗粒物质和有毒气体与地面臭氧(紫外线作用下或闪电时氧气发生反应形成的呼吸道刺激物)发生反应,会产生城市烟雾。室外空气污染是一种致癌物。

室内空气污染物,如一氧化碳、氡、除臭剂产生的气体、清洁剂、家用产品、新建筑材料或家具、家庭害虫排泄物、烟草烟雾、花粉和霉菌等,也有潜在的毒性。

癌症、呼吸系统疾病、心血管疾病和早产等各种各样的负面健康影响都与空气污染有关。柴油发动机尾气是一种公认的肺部致癌物。

合成代谢类固醇特别是一些运动员为了增加肌肉力量和提高运动成绩而非法使用的合成代谢类固醇,也是致癌物。它们已被证明是肝癌的病因之一。儿童和青少年会面临特别的风险,因为他们可能将类固醇视为提高运动成绩的一种方式,以使他们在运动竞争中表现突出。除了有组织的体育管理机构对使用类固醇施加的严厉惩罚外,使用类固醇带来的健康风险也是巨大的。任何年龄的人都不应将类固醇用于与体育运动有关的任何目的。与类固醇可能造成的损害相比,所谓的短期收益其实是微乎其微的。

砷是一种天然存在的化学元素,可在空气、水和土壤中检出,可导致膀胱癌、皮肤癌、肺癌、胃肠系统癌、肝癌、肾癌和血液系统癌症等。它作为污染物出现在供水系统中,可导致人们持续暴露。农业和冶炼工业也会向环境中排放砷。砷过去曾被用作农药,至今仍在一些制成品中存在。

当儿童在经加压处理的木材制成的旧木结构附近玩耍时,他们可能会接触到砷,这些木材是经过铜铬砷(chromated copper arsenate,CCA)处理的。铜铬砷是一种砷化合物,早期常用于游乐场设备和户外平台,儿童在建筑物周围的土壤中玩耍时,可能通过受污染的尘埃摄入这种化合物。最近的研究表明,在设备安装后 7 到 10 年内,处理过的木材中仍会持续渗出砷。

　　石棉是一种天然存在于世界各地地质结构中的纤维矿物，主要分布在加拿大、俄罗斯、巴西、澳大利亚西部和南非等地。所有类型的石棉都是已知的致癌物，必须避免接触。自20世纪初以来，石棉纤维已在美国和其他地方广泛用于造船和建筑施工。数十亿吨石棉已用于全世界的家庭、公共建筑和学校。石棉不可燃，很容易制成绝热材料、防火材料、天花板、屋顶瓦片、锅炉涂层、地板涂料，以及喷涂在墙壁和天花板上的覆盖物等。

儿童可能在玩耍时吸入含有有害化合物的尘埃
Photo by Austin Ban on Unsplash

随着含石棉的瓷砖和绝缘材料的老化变性,细小的粉状石棉纤维被释放到空气和室内灰尘中。当被吸入或摄取时,这些纤维可以进入人体内并保持休眠状态数十年。直到 50 年后,它们可能会导致肺癌、胃肠道癌症和恶性间皮瘤。恶性间皮瘤是一种危及生命的恶性肿瘤,是石棉所导致的特异性肿瘤。

在用石棉搭建的老旧学校和多座其他建筑中,儿童面临因天花板覆盖物日益老化而接触石棉的风险。清除石棉只能由受过专门培训的工人进行,清除时间最好是在校舍翻修期间,因为在翻修或拆除建筑物时,石棉纤维的散落会使接触它的人面临患癌症的风险。

阿斯巴甜是一种人工甜味剂,自 20 世纪 80 年代以来一直被广泛使用,目前在世界各地的数千种产品中都可被发现,尤其是在所谓的减肥饮料中。以前,它被认为是安全的,但大量的长期动物研究显示,阿斯巴甜可能是白血病的潜在病因。怀孕期间接触阿斯巴甜似乎特别危险,而且人们在动物研究中也发现阿斯巴甜与动物后代癌症的发病率增加有关。

苯是一种稀薄而无色的甜味溶剂,用于工业和制造业中。含有苯的商业产品包括脱漆剂、清洁剂、黏合剂和胶水等。接触苯可能会导致白血病、淋巴瘤和其他血液系统疾病。

作为一种溶剂,苯曾经在汽车保养或家庭杂务中被广泛用作去污剂和油脂溶剂。然而,目前儿童接触苯的主要风险是暴露在含有苯的汽油中。儿童可能会因我们在自助加油站加油或为小型发动机(如割草机)加油而接触到苯。如果燃油溅到皮肤上,苯也可以通过皮肤被人体吸收。

苯并芘是一种黑色的、烟熏的、烧焦的物质,在烧烤食物、

烧烤食物时释放出的苯并芘与胃癌和肺癌有关

Photo by rawpixel.com on Pexels

烤面包或烘烤咖啡和吸烟时形成。汽车尾气、木柴燃烧产物和森林火灾燃烧产物中也可能含有苯并芘。苯并芘与胃癌和肺癌的发生有关。

镉是一种与膀胱癌和胰腺癌有关的金属元素。作为室外空气污染的一部分，镉从焚烧炉和锌精炼厂排放到环境中。镉的商业用途包括用作油漆颜料、塑料和电池等。烟草烟雾中也含有镉。

滴滴涕是一种有机氯类杀虫剂，最近研究发现，乳腺癌与患者生命早期接触滴滴涕有一定关系。年轻时接触滴滴涕的妇女晚年患乳腺癌的概率高于其他女性。其母亲在怀孕期间接触滴滴涕的妇女患乳腺癌的风险也会升高。这些研究揭示了在早期生命发育脆弱性窗口期，有毒的环境暴露是如何影响整个生命周期的疾病风险的。

二乙基己烯雌酚是 20 世纪 60 年代和 70 年代发放给有流产或自然流产风险的孕妇的保胎药物。它是其中一种已知的导致产前年轻女性患阴道癌的危险因素，并且还会引起男性的一些生殖变化。有数据表明，二乙基己烯雌酚可能会影响几代人的健康。

柴油机尾气比汽油机尾气更脏,毒性更大。柴油机尾气由碳烟、二氧化碳、一氧化碳、氮和硫的几种氧化物、甲醛和苯并芘等组成。柴油机尾气中毒性最大的成分之一是 1,3-丁二烯,它是一种强致癌物。柴油机尾气已被列为已知的人类致癌物。

二噁英是在焚烧 PVC(聚氯乙烯)塑料和其他含氯化合物(如多氯联苯)的过程中产生的剧毒致癌物。它们是持久性有机污染物,已在牛奶甚至婴儿配方奶粉和母乳中被发现。高脂

婴儿的配方奶粉中也被发现含有微量二噁英
Photo by rawpixel.com on Pexels

食品,如肉类、牛奶和鸡蛋,含有微量的二噁英,这些二噁英会转移到食用这些食物的人身上。美国疾病预防控制中心的年度调查显示二噁英是在大多数美国人体内发现的 200 多种环境化学物质之一。

甲醛是一种广泛应用于家庭产品中的化学物质,如用于刨花板、模压板、胶合板、胶水、黏合剂、纸制品、绝缘材料和工业树脂等中。也许它最广为人知的是会散发"新家具"或"新车"气味,当新购买的物品向环境中释放甲醛时,人们就会闻到这种气味。甲醛与白血病和其他癌症有关。

林旦又称六氯苯(HCB),是 1976 年被美国环境保护署禁止用于农业的杀虫剂,因为它是一种持久性有机污染物。然而,林旦在那时仍然是一种可以用来治疗虱子的药物(不幸的是,当时有人就因使用林旦而患上了肝癌),好在现在已经有了更安全的治疗头虱的方法。

亚硝胺是一种有毒化学物质,在人体消化含有硝酸盐的腌制肉类(如热狗、午餐肉和香肠)时产生。这种致癌物也存在于烟草烟雾中。亚硝胺被归类为可能与消化系统癌症相关的致癌物。

　　多氯联苯是以前用于电气绝缘的高度氯化的化合物。它们在环境中具有很强的持久性,被列为致癌物。

　　全氯乙烯也称为四氯乙烯,是用于干洗和金属脱脂的溶剂。这是一种可能的致癌物,可能与白血病、膀胱癌和淋巴瘤有关。

　　农药暴露与各种癌症有关,尤其是在农场工人和他们的家人,以及其他生活在农业地区的人中。草甘膦(除草剂)、马拉硫磷和二嗪磷这几种农药已被列为可能与淋巴瘤和其他癌症

人体在消化含有硝酸盐的腌制肉类时会产生亚硝胺
Photo by Wesual Click on Unsplash

有关的人类致癌物。根据动物研究提供的数据,杀虫威和对硫磷被列为可能的致癌物。

辐射有多种形式,每种辐射都含有特定数量和类型的能量。辐射形式各不相同,它们向人体输送能量的方式和所造成的损害也不同。

辐射通过将能量转移到它所穿过的细胞而对身体造成伤害。不同形式的辐射有不同的表现形式,存在于不同的环境中,并可能造成完全不同类型的伤害。然而,能量转移一直是辐射损伤的基本机制。

由辐射产生的能量转移类似于其他常见的能量转移,例如在车祸发生时或被棒球击中时的能量转移。当移动的物体撞击人体时,它通过将其能量传递到人体的组织和骨骼上而减速,从而导致人体被割伤、擦伤或发生骨折。当辐射粒子穿过人体时,辐射粒子也会以类似的方式与细胞深处的单个原子或分子发生碰撞。

高剂量的电离辐射,即在 X 射线、放射治疗或原子弹爆炸中发现的那种辐射,在穿过人体时会杀死细胞。深度烧伤、眼损伤和辐射病死亡都是其导致的一些后果。骨髓可能会被破坏。随着骨髓的破坏，人体失去了制造新的红细胞和白细胞的能力，这会导致贫血和抵御感染的免疫功能受损。急性辐射病的另一个特征是胃肠道细胞内壁的坏死，这会导致死亡。

低剂量电离辐射暴露会造成轻微损害，这种损害可能在许多年内都不会显现。在较低剂量下，辐射可以改变和破坏人体细胞内的分子结构。DNA 是人类的基本遗传物质，也是最脆弱的"靶点"。当辐射击中细胞核时，DNA 就会发生突变。辐射引起的突变可以改变细胞，导致细胞恶变并发展成癌症。

1990 年，美国国家科学院指出，电离辐射暴露没有安全阈值。即使是最小的剂量也能够引起 DNA 突变。通常，辐射剂量越高，对人体的影响越严重，突变的可能性越大，最终人体患癌症的可能性就越大。

研究发现，电离辐射暴露会导致儿童患上白血病。我们所知道的关于这一联系的大部分知识，是多年前在事故或战争时期发生大规模辐射后得知的。电离辐射与儿童疾病之间的具体联系如下：

(1) 第二次世界大战中日本广岛和长崎遭到原子弹轰炸后，儿童白血病的发病率上升，在爆炸发生 7 年后达到顶峰。

后来,某些实体瘤的发病率也升高了。

(2) 英国的研究发现,怀孕期间接受腹部 X 光检查的妇女的孩子,在他们生命的前 10 年死于白血病的概率要高于其他儿童。这种影响可以在极低的辐射水平下被发现。这一发现导致怀孕期间 X 射线的使用大大减少。

(3) 20 世纪 80 年代,当乌克兰切尔诺贝利核电站发生熔毁事故时,它通过放射性碘向环境中释放辐射,污染了城镇、村庄和农田,并损害了居民和动物的健康。受到切尔诺贝利熔毁事故辐射的儿童在青少年时期患甲状腺癌的概率明显上升。

在过去的几十年中,人们进行了大量关于电磁场(一种非电离辐射)的研究,以确定电磁场是否会导致癌症。虽然研究结果喜忧参半,但人们还是应该注意手机辐射的潜在风险对儿童的影响,可考虑采用的谨慎做法是避免儿童暴露于电磁场和其他形式的非电离辐射中。

氡是一种天然存在的放射性气体,它是由天然存在的铀和其他放射性元素在地下深处衰变时产生的。氡气可以从地下矿床中渗出,在地质构造中含铀的地区,可以在空气、土壤和水中发现低浓度的氡气。氡通过土壤中的裂缝和缝隙向上渗透,当渗透到室内空间(如地下室)时会积聚到有毒的浓度水平。

尽管存在防止其在封闭空间中积聚的工程补救措施,但在美国,氡是仅次于烟草烟雾的肺癌病因。

溶剂是在家庭和工业中广泛用于溶解油脂和其他脂肪类物质的化学品。溶剂也称为挥发性有机化合物,易挥发,可以通过呼吸道吸入或通过皮肤吸收进入人体。即使短暂暴露于高浓度溶剂蒸气中也会引起头晕、恶心、幻觉和昏迷等症状,长期暴露则会对神经系统造成损害。许多溶剂(包括苯、甲苯、三氯乙烯和四氯乙烯等)都会致癌。

人们应该注意手机辐射的潜在风险对儿童的影响
Photo by Kaboompics.com on Pexels

TCDD 是一种特别危险的二噁英类化合物。世界各地的许多人都广泛暴露于 TCDD 中。研究证明，TCDD 具有很强的致癌性。

(1) 在 20 世纪 70 年代的越南战争期间，美军将一种名为"橙剂"的除草剂作为落叶剂喷洒在越南的大片地区，橙剂中混合了大量该农药生产过程中的副产品——TCDD。随后，科学家针对越南 TCDD 暴露人群开展了大规模研究，研究显示该人群淋巴瘤发病率明显上升。

(2) 1976 年，意大利塞韦索一家生产农药和除草剂的化工企业发生爆炸，将包括二噁英类化合物 TCDD 在内的化学物质喷泻到整个农村地区。30 年后的一项研究显示，在那场灾难期间，曾有过产前 TCDD 暴露史的女性患多种癌症（包括淋巴瘤、白血病和其他癌症等）的概率升高了。

(3) 在美国，TCDD 污染的一个重大事件发生在密苏里州的时代海滩小镇，该地当时的道路是泥巴路，扬尘很严重，于是当地将含有 TCDD 的化学废物喷洒在泥巴路上以抑制灰尘。后来，该镇受到了严重污染，整个小镇的居民都不得不撤离了。

尽管美国的吸烟人数越来越少，而且那些吸烟者限制自己吸烟的数量，但每年仍有近 50 万美国人死于吸烟。现在的香烟比以前的香烟更具杀伤力,因为它们的滤嘴和化学添加剂导致肺癌发病率上升。

肺癌,作为长期以来男性中最常见的癌症,现在已经超过乳腺癌成了女性容易罹患的主要癌症之一。吸烟还会显著增加中风、心脏病和慢性肺病的风险。不管是医疗费用,还是寿命的损失,烟草给美国公众带来的代价都是惊人的。保险公司很久以前就发现了这一点,所以人寿保险对吸烟者和不吸烟者有不同的投保价格。

父母需要知道的是,大约 90％ 的人吸烟始于童年或青春期。如果一个人在他的 21 岁生日前还不是吸烟者,那么他就不太可能成为吸烟者。父母必须尽一切努力防止儿童和青少年吸烟。

包括鼻烟在内的无烟烟草也是已知的致癌因素,并且与口腔癌和舌癌(以及严重的口臭)密切相关。此外,父母也需要防止儿童和青少年对电子烟上瘾。电子烟并非无害。推广电子烟,是烟草业试图让新一代儿童和青少年对尼古丁上瘾的最新尝试。电子烟是一种有效的药物输送系统,用于雾化尼古丁和其他添加剂。它通过呼吸系统将有毒化学物质直接送入儿童和青少年的体内。值得注意的是,即使烟草公司使用行之有效的营销技巧,如展示使用这种产品的青少年偶像,声称这是"更安全的"吸烟方式,并添加各种各样的糖果香精,以提供"有趣的味道"来引起儿童和青少年对尼古丁的兴趣,对于儿童、青少年和成人来说,尼古丁成瘾和吸烟都是不安全和不健康的。父母能做的最重要的事情之一就是让他们的孩子远离任何形式的烟草。

三氯乙烯(TCE)是一种广泛使用的工业溶剂,已经污染了美国数千个地下水系统。三氯乙烯也是一种经证实的致癌物。在美国多个社区范围的研究中,在大量的癌症患者出现或癌症患者集中的地方,它一直被怀疑是致病因子。尽管对癌症簇的确定性研究很复杂,但仍需要解决对水系统污染的担忧。

紫外线是一种辐射,是皮肤癌的已知原因之一。它存在于阳光中,也存在于美黑沙龙所使用的日光灯中。儿童期和青春期的晒伤与成年期皮肤癌(尤其是恶性黑色素瘤)发病率的增加有关。美黑沙龙使用人工紫外线进行皮肤晒黑,这容易导致皮肤癌。美国儿科学会强烈建议18岁以下儿童和青少年不要去美黑沙龙消费。

　　氯乙烯是一种用于生产 PVC 的化学物质。它是一种已知的致癌物,可导致肝癌、脑癌和白血病等。它是存在于 PVC 工厂附近的一种大气环境污染物,也存在于烟草烟雾中,可导致水体污染。如果供水系统被氯乙烯污染,当水用于烹饪或淋浴时,这种化学物质会以蒸气的形式释放到家庭环境中。

　　虽然上述列举的并非已知的化学致癌物的详尽清单,但它们确实为调查和消除儿童接触已知的化学致癌物提供了一个起点。

三氯乙烯和氯乙烯可能通过供水系统进入儿童的生活环境中
Photo by Catt Liu on Unsplash

研究每一种可能导致儿童罹患癌症的化学物质及其实际贡献是一项艰巨的挑战,国际社会应该尽早开展这项工作。欧洲共同体的行动已经表明,可以用行之有效的方法来确定清单的优先次序,并可以在将可疑化学物质和已知化学致癌物从市场产品中剔除方面取得实质性进展。

如果要保护下一代儿童免受儿童癌症的侵害,那么儿童癌症预防方面的研究必须至少得到与癌症治疗研究同等的资助。

神经发育障碍

第 3 章讨论了孕早期胎儿发育,以及宫内 9 个月的胎儿发育成健康新生儿所需要的复杂的精准度。在这一系列复杂过程中,哪怕是极其微小的变化都会干扰正常发育并造成严重损害,而这些极其微小的变化也许是由接触低剂量铅、农药或其他内分泌干扰物而对大脑发育造成短暂干扰所致。

因此,在怀孕期间和儿童早期避免接触可能损害大脑的化学物质是极其重要的。为了过上健康而丰富充实的生活,儿童需要拥有最好的脑力。

已知的一些与儿童神经发育障碍有关的化学物质被认为

是导致学习障碍、感觉障碍、发育迟缓、自闭症和注意缺陷多动障碍的原因。在怀孕期间和儿童早期接触这些化学物质是最危险的。这些环境神经毒素包括：

砷和锰　产前接触砷和锰，与儿童的神经发育障碍和智力下降有关。工业排放的锰或某些含锰杀菌剂会损害儿童发育中的大脑。

双酚 A 是一种用于制造聚碳酸酯塑料的合成化学物质，与"生殖障碍和内分泌干扰物"部分描述的行为异常和其他问题有关。

溴化阻燃剂　产前接触溴化阻燃剂与认知障碍、智力下降和行为异常有关。

铅会导致儿童大脑损伤。长达数十年的儿童铅中毒事件是一个贯穿本书的、反复出现的主题。从 20 世纪初澳大利亚儿童铅中毒的发现，到 20 世纪 70 年代汽油中四乙基铅的去除，再到 2014 年美国密歇根州弗林特市铅中毒事件的暴发，现在，铅是所有神经发育毒素中最广为人知的一种。但问题仍然没有解决。铅暴露没有安全剂量。

据美国疾病预防控制中心估计，美国约有 50 万名儿童血铅水平仍在升高，并有铅中毒的风险。这些儿童和他们之前的几代儿童已经或将会遭受铅中毒的影响。对比儿童期未曾遭受铅中毒的母亲，在儿童期曾患有铅中毒的母亲生育的孩子更容易患神经发育障碍。美国的拘留所和监狱中有很大比例的成人在儿童期曾患有铅中毒，这是铅中毒研究先驱赫伯特·L. 内德勒曼博士所描述的情况。铅中毒的神经行为效应比接触环境中其他未知化学物质的结果要容易发现得多。但是，只要旧房子的油漆和管道中含有铅，铅污染所带来的损害就会继续存在，并会伺机毒害下一个入住的儿童。美国有超过 2400 万套住房中仍然含有铅，其中 400 多万套住房和公寓中居住着儿童。

汞是另外一种被深入研究的有毒金属。金属汞有毒，金属水银易蒸发成汞蒸气。它可以引起神经系统的一些症状，就像《爱丽丝梦游仙境》中的疯帽匠所表现的那样，这是一个很贴切的人物刻画，因为 19 世纪的制帽商使用金属汞来处理男士礼帽的毛毡，比如亚伯拉罕·林肯戴的那种帽子。

在许多受污染的湖泊和溪流中发现了另一种形式的汞，即甲基汞，其来源于工厂和工业排放的含汞废料。这些被汞污染的水里生长的鱼是不能吃的。甲基汞在食物链中富集——小鱼吃了被污染的藻类,较大的鱼类吃了受污染的小鱼,等等,食物链顶端的食肉鱼类体内甲基汞的含量可达到极高水平(见图4.2)。在海洋中,类似的事件也会发生——较大的鱼类,如剑鱼、鲨鱼、大耳马鲛和方头鱼,可能会积累大量的甲基汞,并危害食用这些鱼的孕妇子宫内处于快速发育中的胎儿。美国联邦和州政府建议警惕不安全的鱼,或者限制孕妇食用鱼的数量。甲基汞中毒最严重的一次发生在 1956 年的日本的水俣市,当时孕妇吃了被污染的鱼后生下了有严重神经损伤的婴

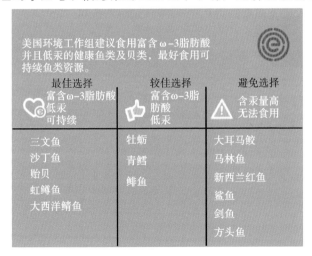

图 4.2 海鲜食用指南

资料来源:美国环境工作组。

儿。包括自然资源保护协会（Natural Resources Defense Council）和蒙特雷湾水族馆（Monterey Bay Aquarium）在内的几个组织发布了经过仔细研究的名单，该名单显示了哪些鱼类含有高浓度的甲基汞，哪些吃起来更安全。

多氯联苯是一类含氯的合成化合物。它们是透明的、油性的、不易燃的液体，能耐热，不导电。直到 20 世纪 70 年代，它们还被广泛应用于变压器、电容器和荧光灯镇流器的液态绝缘体中，并且仍然可以在全国各地的老旧学校里的旧电线杆和荧光灯装置中被找到。

多年来，大量的多氯联苯已经从生产它的工厂以及变压器、电容器和用于触发荧光灯泡的镇流器中分解，并被释放到环境中。释放到环境中的多氯联苯已经被冲进我们的港口、湖泊和河流中，它们沉降到水体底部，并一直存在于沉积物中。虽然美国已不再生产多氯联苯，但由于它们已被广泛使用多年且在环境中具有持久性，目前它们仍然是主要的污染物。多氯联苯不会分解，而且天生就对大多数化合物具有破坏作用的微生物也对其无效，因此它们在环境中可以存在数十年。

多氯联苯可溶于脂肪组织，在脂肪组织中积累并向食物链上游移动。和甲基汞一样，多氯联苯已经在某些鱼类中累积到很高的水平。从湖底和河底的沉积物中，它们被蠕虫、贝类、鲶鱼和包括鳗鱼在内的其他底栖鱼类吸收。当底栖鱼类被猎食的鱼吃掉时，多氯联苯在捕食者物种的脂肪组织中积累到更高的水平。最后，当顶级捕食者如鹰、鹗、熊或人类吃鱼时，其体内就会积累高水平的多氯联苯。

　　人类产前接触多氯联苯主要是由于孕妇在怀孕前和怀孕期间食用了受污染的鱼类。产前接触多氯联苯与儿童智力下

多氯联苯是被广泛应用于荧光灯镇流器的绝缘液体
Photo on Pexels

降有关。

农药 产前接触有机磷杀虫剂毒死蜱与出生时头围的减小(怀孕期间大脑发育迟缓的一个指标)和发育迟缓有关。产前接触毒死蜱也与 8 至 9 岁时可检测到的认知障碍有关,并增加了孤独症谱系障碍的风险。

早期接触滴滴涕的女性罹患乳腺癌的风险会增加(Cohn等,2007)。同时,需要注意的是,其母亲在怀孕期间接触过滴滴涕的女性患乳腺癌的概率会更高(Cohn等,2016)。

邻苯二甲酸酯 产前接触邻苯二甲酸酯(一种广泛应用于塑料、化妆品和许多常见的家用产品中的化学物质)的儿童出现行为异常的风险似乎会增加,这种行为异常与注意缺陷多动障碍以及"生殖障碍和内分泌干扰物"部分描述的其他健康问题类似。

全氟化合物(全氟辛酸和全氟辛烷磺酸) 产前接触全氟化合物,如全氟辛酸和全氟辛烷磺酸,与新生儿出生体重下降和头围减小有关。这些化学物质常用于不粘锅炊具、防风性织物和服装,以及其他家庭用品中。

生殖障碍和内分泌干扰物

内分泌干扰物是一种化学物质，它模仿或阻止人体中激素的活动。激素是一种强大的化学物质，由人体的内分泌腺体(包括垂体、甲状腺、胰腺、肾上腺、卵巢和睾丸等)分泌，量极少。

在人体内，少量的激素控制着从产前发育到青春期、成年期和老年期的整个生长、发育、生殖和衰老过程。激素按发育的精确时间被释放到血液循环中。它们是非常强大的化学物

全氟化合物常用于不粘锅炊具等家庭用品中
Photo by Daria Obymaha on Pexels

质。令人担忧的是,现在有许多人造合成化学物质可以模仿世界上 90% 的人体内的激素并与之竞争。在考虑这些内分泌干扰物可能产生的影响时,重要的是要记住,无论以何种标准衡量,完成生理活动所需的激素的量都是微乎其微的。因此,人体中含有可以模拟激素活动的低浓度合成化学物质,已足以引起人们的关注和恐慌。

近年来,人们对早年接触具有内分泌干扰作用的化学物质产生的远期影响产生了极大的兴趣。以下是一些生殖和内分泌干扰物的具体例子:

双酚 A 是一种内分泌干扰物,用作聚碳酸酯和环氧树脂的添加剂,存在于塑料餐具、医疗设备、玩具、食品储存容器、供水管道,甚至婴儿奶瓶等中。双酚 A 可以渗入环境中,也可以浸入储存在含有双酚 A 的容器中的食物或液体中。双酚 A 是一种持久性有机污染物,几乎在美国所有家庭中都能找到。

最近的研究表明,在出生前和童年早期接触双酚 A 与有攻击性行为、注意缺陷多动障碍、肥胖症、心血管疾病、糖尿病和生殖异常(从青春期提前到性功能障碍以及正常激素水平降低）等的风险增加有关。

邻苯二甲酸酯是一种干扰内分泌的化合物，被添加到塑料中以使其更有弹性。几乎所有的 PVC 产品都含有邻苯二甲酸酯，以使其更柔韧、柔软、有弹性。随着 PVC 的老化，产品失去了可塑性，变黄并变脆——许多消费者在看到厨房抽屉里的旧塑料容器时都能发现这一点。发黄是塑料中的邻苯二甲酸酯已经渗入环境的一个明显标志，也证明其已经在侵害你我的身体。

邻苯二甲酸酯广泛应用于化妆品中
Photo by Element5 Digital on Unsplash

其他类型的塑料和许多其他产品都含有可保持颜色和气味的邻苯二甲酸酯。邻苯二甲酸酯被广泛应用于空气清新剂、洗发水、香水等中,它不会滞留在产品中,而是很容易被释放到环境中。如今,世界各地的人们身体内都可能检测出一定含量的邻苯二甲酸酯。

产前接触邻苯二甲酸酯与男婴肛门与生殖器间的距离缩短有关,这一发现表明生殖器官的雄性化程度降低。这似乎与成年后精子产量低和不育有关。神经发育的变化常见于儿童后期,在部分男孩中表现为有女性化倾向,在大多数儿童中表现为注意缺陷和有攻击性行为等。总的来说,男孩比女孩更容易受到邻苯二甲酸酯的影响。

儿童肥胖症

几个世纪以来,肥胖一直被视为健康和财富的标志,表明有足够甚至过量的食物摄入。这种刻板印象在世界各地的许多文化中都存在,胖乎乎的婴儿仍被视为"健康的象征"。不幸的是,现实情况却完全不同。

如今,儿童肥胖症正在全球流行,肥胖症和糖尿病的模式以前只在成人中出现,现在则在全世界儿童中发展。自

1970 年以来,美国儿童肥胖人数增加了两倍多。2 型糖尿病、心脏病、癌症、关节和运动障碍等作为肥胖的后果,现在成了许多儿童的健康困扰。如果照目前的趋势发展下去,当今这一代的儿童可能是美国一个多世纪以来的儿童中,其将来一生的平均寿命比他们的父母寿命短的第一代。

儿童肥胖症的病因很复杂。目前,人们正在探索与肥胖症和糖尿病相关的代谢途径。以下几个方面体现了环境因素对儿童肥胖症的影响。

如今的"建筑环境"为现在的儿童创造了一种比前几代儿童更易久坐的生活方式。拥有不安全的户外游乐场、公园和步行区的城市住房孕育着一代"挂钥匙的儿童",他们从学校回到安全的室内,经常把大部分休闲时间花在看电视、玩电脑游戏和吃高热量的零食上。没有人行道、步行距离内没有城镇或村庄中心的郊区社区不断扩大,导致人们往往需要开汽车才能满足日常生活需要,比如开车去杂货店、购物中心、学校、操场和远处的公园等。缺乏有趣的、自然的户外游戏空间,比如可以和其他儿童一起自由地探索世界的空地、林地小路或海滨等空间,导致患上注意缺陷多动障碍、焦虑症、抑郁症和肥胖症等疾病的儿童明显增多。

但研究也开始揭示其他一些可能导致儿童肥胖症的因素。一些早年接触到的环境化学物质可能会成为"肥胖原",这与儿童和成人的肥胖倾向有关。儿童肥胖症还与孕期母亲吸烟、接触多氯联苯和邻苯二甲酸酯(这些物质存在于我们的环境和我们大多数人的身体中)以及在大多数人体内发现的有机氯农药(如滴滴涕)有关,因为这些农药在世界各地的食物供应中一直存在(尽管 20 多年前在美国已被禁止)。另一种有机氯农药,林旦,在我们的环境中仍然非常普遍。最近,空气污染(空气中携带多种有毒化学物质)也被发现与儿童肥胖症有关。

有关当今商业产品中使用的环境化学物质与儿童疾病之间的联系,要搞清楚的最紧迫的问题是什么呢?

以下是一些尚未被解答的具体问题:

哮喘和其他呼吸道疾病

(1) 在空气污染得到控制的地方,为什么哮喘发病率继续上升?

(2) 儿童哮喘尚未被发现的病因有哪些?

(3) 哪些空气污染控制策略在减少儿童哮喘方面比较

有效？

儿童癌症

(1) 在过去的 40 年里,为什么儿童癌症的发病率一直在或多或少地持续上升? 而当前确定的风险因素中,却没有一个因素对导致这种持续上升的现象起了作用。

(2) 儿童癌症中还有哪些尚未被发现的毒性危险因素?

神经发育障碍

(1) 哪些有毒化学物质会导致自闭症?

(2) 哪些有毒化学物质会导致注意缺陷多动障碍?

(3) 儿童神经发育障碍的化学危险因素有哪些尚未被发现?

肥胖症和糖尿病

(1) 化学肥胖原对儿童肥胖症和糖尿病发病率升高的作用机理是什么?

(2) 空气污染是如何引起肥胖症的?

生殖问题

(1) 为什么尿道下裂和睾丸癌的发病率在上升?

(2) 为什么精子数量在减少?

要预测这些问题与环境暴露有多大关系并不容易,但答案很重要。

了解环境暴露如何导致儿童疾病的下一个前沿领域是什么?

基因与环境的交互作用。生物技术的进步使研究人员能够观察环境因子和基因之间的实际相互作用情况。记住,环境可能对个体的基因构成特殊影响,但并不是每个暴露于有毒化学物质环境中的人都会受到同样的伤害。

基因与环境的交互作用可分为两类。第一类是涉及基因的实际物理损伤(突变),例如电离辐射和苯引起的变化。第二类是由进入细胞的因子(表观遗传因子)所引起的变化,以及通过开关使各种基因"开启"和"关闭"——有时会被卡在"开启"的位置。

母亲吸烟可能是一种表观遗传因子。儿童肥胖症与孕妇在怀孕期间吸烟之间存在已知的联系，但人们目前尚不清楚其确切的机制。我们知道，母亲吸烟会限制血液从母亲流向胎盘，从而减少发育中的胎儿可获得的氧气和营养供应。当发育中的胎儿没有从母亲那里得到足够的营养时，自然就会打开一个基因开关，或者是一系列开关的组合，使发育中的胎儿处于高热量的驱动下，以经受住这场"磨难"。如果这个开关在出生后卡在"开启"的位置，它可能会导致儿童继续把可用的热量堆积成脂肪，从而患上肥胖症、高血压、心脏病和糖尿病等疾病，这些疾病很可能会伴随儿童的整个成长过程。由于减少了发育中的胎儿的营养供应，母亲吸烟很可能触发胎儿自然的机体保护机制，导致长大后的儿童患上肥胖症、高血压、心脏病和糖尿病等疾病。

表观遗传改变可能对身体造成破坏性影响。邻苯二甲酸酯、双酚 A 和其他内分泌干扰化学物质可以改变调节发育中的婴儿生殖系统的基因开关。混乱的信号可能会在儿童时期引起性认同问题、注意缺陷、攻击性行为、成年男性精子数量低、不孕不育、青春期提前，以及其他已经发现的生殖系统问题。

是否有证据表明早期有害环境暴露会导致成年后的疾病？

现在怀疑部分受到早期环境暴露影响的疾病包括糖尿病、心血管疾病、痴呆、帕金森病和癌症等。"成人疾病的发育起源理论"是戴维·巴克(David Barker)教授和他在英国南安普敦大学的同事们所做的里程碑式研究,他们发现产前营养环境可以影响整个生命周期的健康。

某些癌症以及帕金森病和阿尔茨海默病的发病率的升高引起了人们的极大关注。这些疾病的发展趋势过于迅速,不可能是遗传造成的。这一研究结果提出了一种可能性,即环境暴露(包括胎儿和婴儿出生后早期的暴露)可能会导致成年后的非传染性疾病,甚至可能持续到老年期。

将早期暴露与后期影响联系起来的一个可能机制是,早期暴露可能引发细胞内一连串的变化,最终导致恶性肿瘤,或使大脑关键区域的神经细胞数量减少到在年龄增长时维持功能所需的水平以下。其中一些变化可能是由有毒化学物质或其他环境暴露对基因表达的表观遗传调节所介导的。

环境中有毒化学物质引起的儿童疾病的经济负担有多少？

环境中有毒化学物质引起的儿童疾病带来了巨大的经济成本。扩展有关疾病成本的信息对于制定卫生政策和说服政策制定者(他们必须在许多相互竞争的要求中做出艰难选择)具有重要意义,即有毒环境引起的儿童疾病应该是一个高度优先考虑的事项。

最近,一项关于美国儿童四类环境疾病(铅中毒、哮喘、癌症和神经行为障碍)的社会成本的分析发现,这一成本每年高达 766 亿美元。造成这一成本如此之高的主要原因是,早年接触到损害智力的神经毒性化学物质(如铅、甲基汞和多氯联苯),会导致儿童智力下降。智力的普遍损失给诸如职业培训和特殊教育等社会服务带来了巨大的负担,并导致经济生产力的下降。

相反，预防环境中有毒化学物质引起的儿童疾病的经济效益是什么？

从积极的方面来说，预防环境疾病可以产生巨大的经济效益。格罗斯（Grosse）等人估计，从汽油中去除铅带来的儿童智力的提高以及由此产生的经济生产力的提高，给自20世纪80年代以来的美国出生群体带来了1100亿至3190亿美元的经济效益，这基于几代儿童的智力、创造力和生产效率的提高，因为这些儿童在成长过程中只接触了低水平的铅。据估计，在1990年通过《清洁空气法》修正案后，美国的空气净化已经节约了大概2万亿美元的成本，主要是降低了医疗成本和提高了经济生产率——每投资1美元用于污染控制，可节省经济成本约30美元。

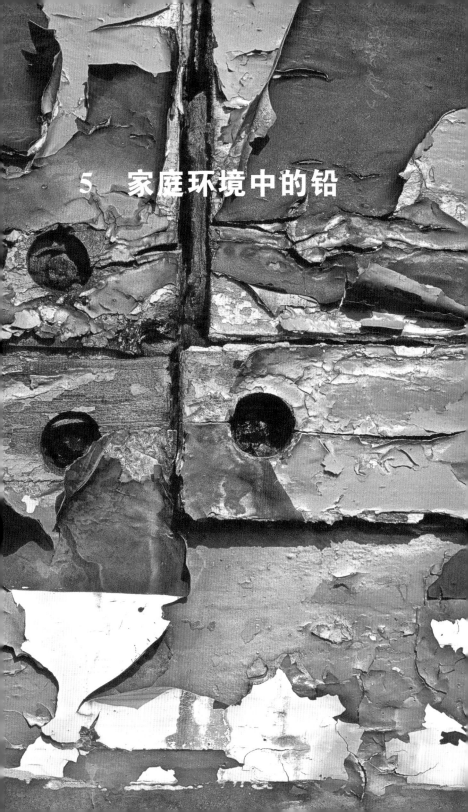

5 家庭环境中的铅

铅是一种有毒的金属，它会永久性地损害儿童的大脑、心脏和肾脏。重度铅中毒可以引起惊厥、昏迷，甚至死亡。

即使是少量的铅也会对儿童造成伤害。大脑对铅的毒性非常敏感。研究表明，即使儿童血液中的铅含量很低，也会造成这些儿童的学习障碍，他们体内的血铅含量每增加 10 微克／升，他们的智商测试得分平均下降 2 到 4 分。血液中的铅含量是没有安全阈值的。即使是低浓度血铅水平也会影响儿童的注意力，同时也会引起产生攻击性行为。研究显示，18 岁以下因犯罪入狱的青少年体内的铅含量比同一个社区其他没有犯罪的人要高。

人类在消灭儿童铅中毒的战斗中取得了历史性的成果，但目前在美国仍有大约 50 万儿童血铅水平超标，而且每天都有新的铅中毒儿童被发现。

群体性铅中毒的暴发仍时有发生，最近的一次暴发发生在美国密歇根州的弗林特市。由于城市管理者的目光短浅、受预算限制等原因，2014 年，弗林特市的饮用水供应水源由干净的五大湖和底特律河改为被污染的弗林特河，进而导致人们痛苦地经历着铅污染的危险，并承担着持续的铅中毒后果。由于近几十年工业废弃物的排放，弗林特河水呈高度酸性，溶解了大量老化的城市基础设施中蓄积了几十年的铅，从而急剧增加了公众饮用水中的铅的浓度。很多家庭都没有意识到水中铅含量的增加，水务公司也否认存在任何问题，从而导致弗林特市的家庭持续使用被污染的自来水数月，在问题被发现之前，有6000到12000名儿童处在高水平的铅污染环境下，面临着铅中毒风险的增加，并且他们的大脑和神经系统也有可能受到永久性的损伤。

发生在弗林特市的铅暴露事件使成千上万的儿童处于极大的危险之中，而这原本是可以避免的，也是没必要发生的。但这不是一个孤立的事件，铅中毒在美国依然存在。只要老建筑的含铅涂料、含铅的饮用水管道以及被铅污染的土壤持续存在，铅中毒的影响就将继续显现。

对于这种"无声"的流行病，最明显的补救办法就是个人以及社区在认识和清除铅污染方面保持警惕，因为铅无处不在。以下是发现和预防铅中毒的实用指南。

如何知道家里是否有铅?

铅中毒最常见的原因是接触了含铅油漆和因含铅油漆片脱落和被腐蚀而形成的灰尘。幸运的是,铅涂料会随着时间的推移而剥落,虽然会经常剥落,但不会天天发生,因此需要经常检查房子内外是否存在翘皮的油漆片或者剥落的油漆碎屑。

美国联邦政府直到 1978 年才开始禁用含铅涂料,因此老房子最有可能含有铅涂料。房屋的含铅油漆的情况会随着时间的推移而恶化,含铅油漆会产生铅尘和铅屑,这些铅尘和铅屑会落在地板上,并聚集在窗井、窗台、地板和其他平坦的地方(图 5.1)。含铅油漆和灰尘铅对儿童(特别是 6 岁以下的儿童)的健康危害最大。[①]

油漆中的铅以多种方式进入儿童体内。儿童将被含铅粉尘污染的玩具放入口中,或者在双手接触过这类玩具后,或在

① 民用房屋使用含铅涂料是美国、加拿大、澳大利亚等国家特有的问题,在 1978 年以前的 100 多年中,这些国家使用添加碱式碳酸铅的油漆作为内墙或者外墙涂料。因此,这些老房子脱落的油漆碎片中含有高浓度的铅,这容易导致居住在房屋中的儿童发生铅中毒。——译者注

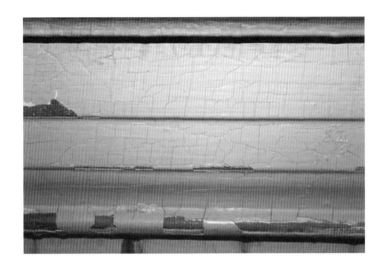

图 5.1　典型的旧房屋含铅油漆的开裂

地板上爬行后,将手指放入嘴中吸吮,均可能会吞食含铅粉尘。婴幼儿喜欢把所有东西都放进嘴里,这是他们探索世界的一种方式。当幼儿成长到可以站立的时候,喜欢抬头看看窗外,这时窗台就像幼儿磨牙时用的软胶,如果有含铅涂料或含铅灰尘落在窗台上,这就是铅中毒的又一来源。

所以,如果你家粉刷墙壁的油漆中含有铅,你的孩子的一些正常生活行为也可能会导致他们铅中毒。更可怕的是,含铅油漆片尝起来很甜。一些儿童会对含铅油漆片产生强烈的渴望,这就是异食癖。患有异食癖的儿童会主动寻觅并吃掉周围小的含铅油漆片。患有异食癖的儿童非常喜欢这种味道，他们会非常执着地寻找可能不会引起成人注意的微小含铅油漆片。

所以保护儿童免受铅污染的最好方法是在你搬进来之前确保家里没有使用过含铅油漆。

家庭中的铅通常在哪里？

窗井 窗井是地下室窗户的一部分；当你打开这扇窗户的时候，它会暴露出底部。所以打开窗户看一看，窗户的漆还好吗？油漆看起来会不会有裂缝或是不是已经开裂，就像皮肤一样？是否有可见的油漆碎片？窗井里是否涂了很多层油漆？如果是这样，这个区域可能使用了含铅涂料。

窗户和门框 窗户及门框上发生摩擦的地方是否有翘起的或即将剥落的油漆片？是否有明显的油漆碎片？窗框上的油漆有没有明显的剥落或开裂？地板或墙面上有没有油漆碎屑或灰尘？

石膏墙 特别注意窗户下方的区域和可能漏水或受潮的地方，漏水或受潮会对油漆的表面造成一些损坏。检查一下有没有油漆碎屑、薄片、灰泥或油漆粉末显露出来。

楼梯、栏杆、壁板、旧铸铁散热器和椅子扶手 继续寻找油漆剥脱、起皮和破碎的迹象。也可以检查一下你家里其他容易出现磨损的刷过油漆的木质家具表面。反复开关门、窗、壁橱、橱柜等刷过油漆的家具的可移动部分会引起摩擦、碰撞,使含铅涂料磨损,落入灰尘,然后在房子里扩散。你看到了油漆出现磨损的地方吗?

铅可能随着剥落的油漆进入灰尘,然后在房子里扩散
Photo by Stephen Pedersen on Unsplash

户外 如果你的房子建于 1978 年以前,含铅涂料也可能用于房屋侧壁的粉饰。再次寻找油漆剥脱、起皮和破碎的迹象。房屋门窗周边装饰条上的油漆剥脱了吗? 装饰条上是否有多次刷漆的痕迹,是否有多层块状油漆脱落? 也要检查车库和花园储物区,还有栅栏和门廊栏杆。仔细检查沙箱或儿童游戏区——这些设施可能离房子很近,有可能被来自房屋的油漆碎片或油漆灰尘污染。(忠告:即使你找不到房屋使用过含铅油漆的证据,也并不意味着你的家里没有使用过含铅油漆。如果你的房子是 1978 年以前建的,更安全的做法是请有资质的专业人士进行一次彻底的检查。)

如果在家里发现含铅油漆,该怎么办?

如果你在家里发现了油漆剥落、起皮或开裂的情况,或者你的房子建于 1978 年以前,首先需要确认该油漆是否为含铅油漆。如果你在租住的房子或公寓中发现了起皮或剥落的油漆,要让你的房东知道这些起皮或者脱落的油漆可能是含铅油漆。同时你需要向他询问房子或公寓是否进行过含铅油漆的检测。如果没有,就要求进行相关测试。

你选择的居住的地方决定了你要为你的家庭做出怎样的相应的行动。美国环境保护署提供了可供查询的资料网站来帮助你了解作为一名公寓住户或房主,你可以采取哪些干预措施来预防儿童铅中毒。美国每个城市或者州卫生部门都有儿童铅中毒预防计划,你也可以打电话给他们,他们会给你提供相关信息。

如果你有自己的房子或公寓,你需要找经美国环境保护署认证或国家认证的接受过含铅油漆评估和消减方面培训的检查员来家里进行油漆含铅量的评估。美国环境保护署要求,在1978 年以前建造的房屋中进行含铅油漆评估和铅漆减排项目的工作人员,必须获得其或经其授权的州的认证,并且这些工作人员必须严格遵守特定的涉铅工作安全操作程序。

要确保你的儿科医生知道你的详细住房状况,如你居住的公寓有没有进行过铅涂料测试,建成了多少年以及你对含铅油漆危害的了解情况。向儿科医生询问你的孩子应该多久做一次血铅筛查以及在什么年龄段做更合适。积极参与保护儿童免受含铅油漆伤害的行动是防止铅中毒的最好方法。

清除含铅油漆的正确方法是什么？

如果经美国环境保护署认证的检查员确定你家里有铅,会要求进行一次风险评估和提供处理这个问题的解决方案。这些经美国环境保护署认证的评估专家的报告会提供有效的需求分析来保护你的孩子免受铅中毒。这个由美国环境保护署认证的铅减排承包商提交的报告,将提供有效减少铅排放的路线图。

还有一些其他事情要注意:

(1) 不要试图自己清除含铅油漆。

(2) 含铅油漆绝不能用砂纸打磨或用热风枪去除。这两种技术都能产生高度危险的铅尘或铅蒸气,它们能在家庭中传播,从而导致你和你的家人铅中毒。

在清除铅作业期间儿童或孕妇可以住在家里吗？

不可以。

　　当经美国环境保护署认证的铅减排承包商施工时,儿童和孕妇必须搬出自己的房屋,不能住在家里。在房子已经被打扫干净,所有可能的含铅碎片及灰尘也已经被彻底打扫干净之前,他们不应该搬回来居住。这是因为儿童的大脑和神经系统仍在发育,直接接触铅尘有铅中毒的危险。如果孕妇铅中毒则会更严重,她们可能会面临流产、死胎、早产或胎膜早破等。并且,即使是轻度铅中毒也会对胎儿发育中的大脑和神经系统造成不可逆转的损害。

铅是如何进入饮用水的?

　　一些较老的社区使用含铅管道将城市用水从城市水处理厂输送到家庭。这些管道在使用若干年后,就在管道内部形成了一层起到保护作用的生物膜,从而阻止含铅材料和饮用水的直接接触。然而,在城市用水呈酸性的地方,酸会侵蚀生物膜,导致管道中所含的铅溶解至饮用水中。2014 年在美国密歇根州弗林特市发生的就是这样的事件。

　　饮用水中的铅大多来自学校、家庭和公寓楼内的管道系统。在 20 世纪早期和中期,含铅管道普遍用于家庭给水。如果你家老房子的管道系统从来没有更新过,你就可能正在使用一套含铅管道系统,该系统帮你把水从城市供水主管网输入到你家的水龙头里。

铅管一般为呈暗灰色的金属,质地较软。家庭给排水用的其他材料还包括铸铁和铜:铸铁管通常是黑色的,质地较硬;铜管是传统的黄铜色。(注意:即使你用的是铜管,你的饮用水里可能仍然有铅,因为铜管在焊接时可能使用了含铅的焊料。1986 年以后含铅焊料才被禁止使用。)

如果你家有铅管或铜管,你会想要确定它们是否将铅溶解至饮用水中。如果你使用的是市政供水系统,你应该会收到来自你所在城市供水系统的通知,这可以帮助你了解你的饮用水是否含铅。1991 年美国环境保护署提出《铅铜管理条例》(Lead and Copper Rule),要求如果自来水中铅含量或铜含量超标,超过了联邦政府制定的标准,供应商应通知客户。此外,所有水务公司都需要向客户发出污染物年度报告。另一个资源是 2017 年发布的美国环境工作组的自来水数据库,它提供了美国各地饮用水系统中化学污染物的信息。

如果你用的是井水,你应该请那些经认证的实验室测定一下你家水中的铅含量。已经有许多井水被来自工厂、加油站和危险废物处理场等的有毒化学物质污染的例子。有时水井虽然离污染源很远,但仍被污染,这是因为化学物质可以通过地下水层进行长距离传播。

水中含铅并不一定意味着你需要更换你家的水管。在大多数情况下,最简单的消除饮用水中铅的方法就是,不管你是烧开水饮用,还是烹调做饭,在用水前,先把冷水管里静止了好几个小时的水放掉,大约放 30 秒,这样就可以把在管道里浸泡了好几个小时的含铅水冲出来了。所以,你一下班,或刚放学到家,或者早上起床的第一件事就是先放掉一些水,因为来自市政供水商的水通常在离开水处理厂时是无铅的,而在水到达你家房屋的水管里,停留一整夜或者好几个小时后,铅就有足够的时间从家用水管或铅基管道焊料中释放出来,"跑"到自来水里了。记住,最好只使用家庭管道中的冷水来加热饮用、烹饪和冲泡婴儿配方奶粉——因为家庭管道中的热水总是含有从家庭管道中释放出的更多的铅。

铅暴露可以进行医学检测吗？ 儿童应该进行血铅检测吗？

答案是肯定的。评价人体铅含量的最好方法就是进行血铅检测。

按照美国疾病预防控制中心的指南,要确保儿童没有铅中毒的唯一方法,就是让儿科医生给儿童进行血铅检测。血铅检测对 1 至 3 岁儿童尤其重要,特别是他们如果住在 1978 年以前建造的老房子里,因为居住在老房子里的这个年龄段的儿童是铅中毒的高危人群。

儿童 1 岁大时需要进行一次血铅测定,等到 18 个月到 2 岁时需要再次测定血铅。血铅检测只需要从儿童指尖取几滴血。大多数儿科医生会很乐意做这个检测。

铅中毒是一个很古老的问题,但我们用精密的分析方法来测定铅暴露和铅中毒儿童的血铅水平的能力是新近才建立起来的。儿童血铅的测定结果可以起到警示作用。

在过去的几十年里,美国疾病预防控制中心已经多次降低儿童可接受的血铅水平。这一血铅水平的不断降低反映了我们现在已经比 5 年或 10 年前,甚至 25 年前,对铅在低水平情况下的毒性了解得更多了。曾经被认为是安全的儿童血铅水平,现在被发现是危险的。医学研究人员发现,儿童血液中的铅含量是没有安全阈值的。世界卫生组织也证实了这一结论。

两代人以前,含铅汽油被普遍使用,所有年龄段的美国人的平均血铅水平为 180～200 微克/升,当时有些儿童血铅水平超过 400 微克/升。在一代人以前,从汽油中去除铅后大多数美国人的平均血铅水平,包括大多数 1 到 5 岁的儿童在内,已经接近 200 微克/升。今天,美国儿童的平均血铅水平已经低于 20 微克/升,血铅水平下降了约 90%。

不幸的是,美国目前仍有大约 50 万名儿童血液中的铅水平升高了,超过了目前的血铅水平标准。这些儿童的家中有铅中毒的风险因素,但目前他们大部分没有表现出任何症状。

如果家里有铅,在发现和清除铅之前,你该做什么?

最安全的解决办法是暂时先搬走,直到家里含铅油漆的问题彻底解决。除此之外,任何其他选择都有风险。

如果一定要在这样的房屋里短暂待上一段时间,那你要尽一切努力去减少你的孩子的铅暴露风险。在你雇用专业的经过认证的含铅油漆房屋评估和风险消除专家来帮你把房子变得安全之前,要经常用湿拖把拖地,这将有助于把含铅的灰尘清理掉。每周至少使用温和清洁溶液沾湿拖把,把家里从地板到墙壁彻底清洁一次,墙壁需要清洗的高度要到比你的孩子的身高再高一截的位置。许多杂货店和居家用品店都有一些绿色无毒的清洁液售卖,买回来后,可以用水按要求比例稀释,配制成温和清洗液。湿拖把拖地有助于在铅进入你的孩子的体内之前,将这些含铅的灰尘清除。除非你家里有一个高效空气过滤器,而且效果很好,否则湿拖把拖地的效果比用传统的吸尘器除尘更安全。

请记住,湿拖把拖地并不是解决问题的长久方法——这就像将伤口用绷带或止血带包扎只是你去急诊室前的一种紧急处理方式一样。这里讨论的方法只是一种权宜之计,临时采取的湿化除尘法,只能尽量减少铅对孩子的损害,但其实并不能彻底解决问题。真正有效的解决方法是在可行的情况下尽快去除房屋内的铅。

除湿拖地板外,还应使用湿纸巾擦拭窗井、墙边踢脚板、地板和门框饰条以及其他平坦的地方。从孩子的角度去看问题，看看哪些角落和缝隙需要进一步清洗。坐在地板上，清除房间里孩子能接触到的任何灰尘。把用过的纸巾放进一个安全的垃圾桶里，这样它们就不会变干并重新变成房子周围的铅尘。

另外，要经常清洗孩子的玩具和奶嘴，也要经常给孩子洗手，尤其是在他坐下来吃饭或吃点心之前。

这些措施不是解决问题的根本办法。如果你家里有人怀孕了，或者家里有婴幼儿，而你发现家庭环境中有铅，要想问题得到彻底解决，你能做的最好的解决方案就是搬迁到其他安全的地方。

儿童玩具含铅吗？

近几十年来，在一些监管不那么严格的国家生产的部分含铅玩具一直源源不断地流入美国。由于铅含量超标被召回的产品包括：

(1) 蜡笔；

(2) 玩具屋中的陶瓷茶具；

（3）从墨西哥等国家进口的彩绘玩具；

（4）用于儿童和青少年冒险游戏的铅制小雕像。

还有哪些进口商品含铅？

美国制造的陶瓷必须通过检查，以确保无铅，但其他国家的情况并非总是如此，而且进口的陶瓷已经被发现含有铅。另外，当陶瓷器皿的彩釉上光质量粗糙时，釉下油彩中的重金属就会释放出来，污染食物。

对于上釉不当的陶瓷来说，最大的风险是使用不当，例如使用陶瓷器皿储存酸性液体，比如橙汁。橙汁中的酸性物质能溶解陶瓷器皿中的铅，同时也会使这些陶瓷器皿使用寿命缩短。一般来说，建议不要使用陶瓷器皿储存酸性液体。

美国食品药品管理局警告说，消费者在使用陶瓷制品时，应特别注意的是：

（1）手工制作，外观粗糙或形状不规则的陶瓷；

（2）古董陶瓷；

（3）损坏或过度磨损的陶瓷；

（4）来自跳蚤市场或街头小贩，或者你也无法确定是否来自可靠生产厂家的陶瓷；

（5）釉彩颜色为橙色、红色或黄色的色彩明亮的陶瓷，这几种颜色的釉料通常含有铅（用来增加它们的强度）。

美国疾病预防控制中心和美国食品药品管理局在一些进口消费品中也发布了警告，例如：

进口蜡烛　在一些监管不善的国家生产的蜡烛芯中含有细细的铅丝。蜡烛芯含铅的蜡烛，在燃烧过程中会产生含铅的烟雾，如果吸入这些烟雾会造成严重的危害。尽管美国消费品安全委员会曾投票禁止销售这样的蜡烛，但这些蜡烛仍然出现在某些场合，所以你仍然应该确保你买的蜡烛都是无铅的。

进口糖果和香料　在一些地方发现了从墨西哥和其他地方进口的糖果、香料、辣椒粉和罗望子等中含有铅。这些产品中含有铅是由原料在干燥、储存和研磨过程中的不当操作所造成的。在一些进口糖果的包装中也发现了铅，这些塑料或纸质包装上所用的油墨可能含有会渗入糖果的铅。

传统的保健品和化妆品　在其他一些国家用于治疗肠胃

不适的保健品中也发现含有重金属铅,因此,在日常生活中,我们应当避免使用该类保健品。铅和其他有毒金属也在来自南亚的一些阿育吠陀药物中被发现。一些进口化妆品(如口红)中也发现含有铅。我们应该多关注这方面的信息。

6　家庭过敏原及呼吸道刺激物

相较于成人,儿童对于空气污染物的敏感性更高。他们的活动空间也更靠近地面,而且按单位体重计算,他们比成人吸进更多气体。然而,儿童的肺仍处于发育阶段,他们的身体尚难以抵御空气污染物,因此,他们会更容易患上哮喘和其他过敏性疾病。

轻微的过敏症状表现为眼睛痒、流鼻涕或不停地打喷嚏,较严重的表现为哮喘,甚至有些会因为过敏(如花生过敏)而出现生命危险。常见的过敏原包括植物花粉、尘螨、霉菌和某些食物。本章将讨论引起呼吸道疾病的过敏原。

哮喘是受到遗传与环境交互影响的疾病。从遗传学角度看,相比父母双方均无哮喘病史的儿童,父亲或母亲一方患有哮喘的儿童更有可能患上哮喘。环境因素也同样重要。如果父母一方在母亲孕期或儿童出生后第一年有吸烟史,儿童也更有可能患上哮喘。另有证据表明,反复接触环境中引起过敏反应的物质,可导致儿童气道炎症,且随着接触次数增多而愈发严重。与儿童哮喘发作相关性最高的过敏原包括烟草烟雾、尘螨、蟑螂和动物皮毛等。

环境中引起过敏甚至引起哮喘发作的过敏原在某些情况

下是可以处理或被消除的。有些改变很容易就能做到,而有一些则需要显著地改变家庭的生活方式。这里我们将提出一些建议,并不是必须严格遵守,但可供参考。

家里的空气被污染了吗?

对于上面的问题,当你想回答"没有"的时候,好好思考一下,在大多数地区,室内空气中是否往往比室外空气中有更多的污染源。如果你的家中存在下列物品中的任何几种,空气就很有可能被污染:

地毯	家具
窗帘	狗毛、猫毛
清洁剂	蟑螂粪便
指甲油去除剂	二手烟
发胶	燃油炉
鞋油	燃气灶
香料混合物	燃木炉灶或壁炉
空气清新剂	

换句话说,基本上所有家庭都存在一些室内空气污染源。

最简单的防止室内空气污染的方式是每周进行一次彻底的家庭大扫除。

最好选择一个晴朗、微风的天气给房间通风换气。打开窗户交换室内外空气，使其流通。在不能进行对流通风的公寓里，你可以有策略地在两边窗户旁装上排风扇，一边把室外的空气抽进来，另一边把室内空气排出去，如此就在房间内创造了良好的室内外空气交换方式。

在好天气里打开窗户通风换气是减轻室内空气污染的好方法
Photo by Nathan Fertig on Unsplash

在寒冷的冬天,你可以考虑关掉一到两个小时的暖气并进行通风。当然考虑到家庭供暖消耗,你可以考虑在一周中天气最暖和的时候进行。选择一个天气晴朗的日子,打开采光面的百叶窗,让阳光暖暖地晒进房间。

在炎热的夏天,就要选择相对凉爽的时间关闭空调来通风换气了。合上采光面的窗帘,打开背光面的窗户,让凉爽的空气进来,清除室内污染的空气。

当然,有时候室外空气也不见得很好,比如空气中散播的花粉也会引起过敏。你可以借助当地新闻频道或国家气象频道的天气预报来获取信息,掌握所在地空气中的花粉量。如果你的孩子对花粉过敏,那就应该适当调整通风时间。

臭氧污染和大气颗粒物污染是另外两种开窗通风前需要考虑的大气污染物来源。臭氧是大气中汽车尾气、工业废气与阳光发生化学反应而形成的一种呼吸道刺激物。一些地区会发布"臭氧污染"或"大气颗粒物污染"的警报,尤其在炎热、潮湿的夏季比较常见。需要注意的是,在污染物含量高时,你就最好别开窗通风了。

室内吸烟对空气质量有何影响？

存在二手烟环境的家庭的儿童相对其他儿童发生哮喘或其他呼吸道疾病的风险更大。烟草烟雾中所含的有害物对儿童身体的损害是长期的。

但是烟草并不是造成室内空气烟雾污染的唯一来源。以下列举了几项对儿童健康具有重大损伤的烟雾污染来源：

燃木炉灶或壁炉在冬天常常是很受欢迎的，但也会产生各种有害物质，包括细颗粒物、苯并芘（黑色碳烟）、苯、甲醛和一氧化碳。接触到这些木材燃烧后的空气烟雾的儿童，患上慢性咳嗽、喘息或哮喘的可能性更大；这些儿童患肺癌的风险也更高，因为木材燃烧会产生与烟草烟雾相似的焦油和微粒。

要想使用燃木炉灶或壁炉而又不威胁儿童健康，需要做到以下几点：首先，使用燃木炉灶或壁炉时要确保有足够的通风量，从烟囱、管道排烟，防止污染烟雾进入房间内；其次，每年至少要检查一次催化式排气净化器和烟囱管道，以确保它们尽可能高效地发挥作用，同时也可以减少发生火灾的风险；最后，还可以访问权威的环保机构的网站,来获取有关燃木炉灶的监管及更高效型号的相关信息。

炉灶产生的烟雾中还有一氧化碳。这种无色无味的气体在空气中的浓度未达到致命水平前很难被察觉到。因此,对于燃气灶、燃木炉灶、燃油炉、热水器等这些会产生一氧化碳的器具,最好的规避潜在风险的方式就是每年定期检查,确保它们的燃烧和排气系统能正常工作。老旧的烟囱会出现泄漏,管道也会堵塞,同样会让危险的一氧化碳渗入房间,所以每年定期清洁和检查烟囱管道也是很有必要的。另外,如果能够有一个或多个带数值读数和声音警报功能的一氧化碳报警器,这个或这些一氧化碳报警器就可以在达到危险气体水平时提醒你。数值读数功能可以让你知道房间内一氧化碳的实际浓度水平,以确认是炉灶出现了严重故障还是释放了超过临界值的有害气体。你还可以查看消费者报告中有关特定型号及其性能的信息。

燃气灶会产生二氧化氮及其他呼吸道刺激物。有些燃气灶装有不断燃烧的煤气引燃器,它会日夜不停地产生刺激物,这就很麻烦。如果你的燃气灶上有这样的引燃器,就要经常通风换气,以减少室内的刺激气体。下次再购买燃气灶时,尽量选择一款没有引燃器的；我们可以选择带有电子点火系统的燃气灶，打开燃气灶时能产生火花，从而点燃燃气灶。

燃油炉在没有足够室内通风的情况下也会释放有毒物质，有毒气体可能通过直接泄漏或溢出的燃油释放到空气中；溢出的燃油也可能会进入附近水井中，造成井水污染。细心维护燃油炉，做到每年检修其效能及排风设备、定期清洁烟囱和过滤器，是防止燃油炉出现故障的最好方法。

家用汽油或煤油式取暖器（小型取暖器）从防火角度来说是十分危险的，而且还会产生有害物质，比如会致癌的碳烟，引起窒息甚至导致死亡的一氧化碳。汽油或煤油式取暖器也有可能会倾倒，溢出燃油，进而有可能造成严重烧伤或房屋火灾。最好的预防措施就是避免使用这类取暖器。

日常家庭用品会影响室内空气吗？

答案是肯定的，当然会。接下来我们将讨论含呼吸道刺激物或有毒化学物质的日常家庭用品，并提供一些降低风险的小建议。

下水道清洁剂 含有烧碱溶液（氢氧化钠）的下水道清洁剂是市面上最容易导致致命危险的家用产品之一，最好是避免使用。大多数清洁剂中的碱液可能会造成严重烧伤，如果儿童误饮，可能会造成危及生命的内脏损伤。当使用清洁剂清洗堵住的排水管时，此过程中产生的有毒气体就会冒出。因此，我们可以尝试使用无毒的方法来解决这个问题：可以在堵住的下水道中倒 1 杯小苏打和 1 杯食用醋，再倒入开水，从而疏通下水道。如果水槽排水很慢，也可以试着把下面的 U 形槽拆下来，手动将阻塞物取出，当然也可以找管道工来处理。

烤箱清洁剂 烧碱溶液也是许多烤箱清洁剂的活性成分。上文已经指出了烧碱溶液的危害，所以最好还是不使用含有烧碱溶液的清洁剂，尤其是不要使用装在喷雾罐中的清洁剂。喷雾罐可以保证清洁剂以烟雾状均匀喷进烤箱里，但清洁剂也会很容易就吸附到人体皮肤、头发上，甚至进入肺内，刺激或损伤内部细微组织，导致呼吸窘迫。烤箱清洁剂也可以用小苏打代替，我们可以将小苏打和水混合，制成糊状物，涂抹在冷却的烤箱内部的斑点处，静置一段时间，在变干之前，将斑点刮去或用钢丝球轻轻擦去，再用干净的抹布蘸上稀释的食醋（稀释比例为 1∶4 或 1∶8）擦洗一下。这个方法操作起来很快，并且容易做到——这比用碱性清洁剂清洗舒服得多,你不用大口呼吸新鲜空气,眼睛也不会被清洁剂刺激得发疼。

烤箱的自动清洁功能也会产生不健康的烟雾。它通过高热蒸发烤箱内的水分,同时也会把内部涂料给蒸发掉,要知道,这些都是不利于你健康的烟雾!

石油基聚氨酯地板或家具饰面　这些物品中含有几种剧毒物质,包括甲苯二异氰酸酯,一旦吸入会引起气道高反应;再次接触则会造成严重的化学物质引发的急性哮喘发作。相反,使用水性聚氨酯地板或家具就会更安全、毒性更小。并且,使用聚氨酯材料还要保证房间通风良好,保持开窗通风,直到不能闻到聚氨酯的味道为止。

脱漆剂　大多数脱漆剂也是非常不安全的。尤其是含有二氯甲烷的产品,毒性特别大,如果大量吸入,会引起严重的血液和肝脏疾病。所以如果要用,也要选不含二氯甲烷的产品。美国加利福尼亚州公共卫生部发起了一项旨在减少劳动者因暴露于二氯甲烷环境中而死亡的项目,推荐用大豆基或含苯甲酰酒精或二元酯的脱漆剂代替含二氯甲烷的脱漆剂。然而,它们也会刺激眼睛、鼻子、喉咙、肺和皮肤等器官。有哮喘病史的人千万不能接触。记住,使用脱漆剂还是要多通风,并且要严格遵循产品使用说明。

霉菌清洁剂 大多数霉菌清洁剂也含有会造成呼吸道刺激和其他危害健康的刺激性化学物质。我们可以通过浏览权威的环境部门网站来查询相对安全的霉菌清洁剂。或者,你也可以尝试自己制作霉菌清洁剂:将小苏打捣成糊状物,然后将它涂抹在可能存在霉菌的地方,比如浴缸排水口;也可以用醋兑水稀释擦洗;或试着用 $1\% \sim 3\%$ 的过氧化氢溶液。当然在使用任何一种方法前,都建议小范围试一下以确保不会损伤有霉斑的浴缸表面或织物等。

工艺胶(可用于组装飞机模型) 大多数用于组装模型的胶水对儿童来说都是有危害的。有些工艺胶溶剂含有具有神经毒性的化学物质,会损伤儿童发育中的大脑及神经系统,甚至可能致命。事实上,每年都会有儿童因为吸入具有神经毒性的胶水毒性气体而进急诊室(当儿童吸入毒性胶水气体量达到上限时)。

需注意的是,儿童在通风不良的房间使用这些胶水时,吸入浓度也会达到高水平,进而引起毒性。即使儿童原本只是用胶水来制作玩具模型,也有可能引起中毒症状,如出现头晕、视力模糊等,这取决于房间大小、通风如何,以及使用的胶水量多少。我们建议你尽可能给你的孩子使用无毒胶水,如木胶、白胶等。如果无毒胶不起作用,只能使用工艺胶,那就要在一个通风良好的房间里使用且用量应尽量少;或者更好的是在室外,在有家长看护的情况下使用。经常通风或让你的孩子定期离开房间,避免让其持续暴露在胶水的毒性气体中。

指甲油去除剂　许多去甲油含有丙酮成分,它是一种容易挥发的有毒溶剂。尽量使用不含丙酮,通常也不那么容易挥发的指甲油去除剂,一般瓶身标签会注明"无丙酮"字样。如果你的孩子必须要用到含丙酮的产品,也记得一定要在通风良好的房间使用。另外,别让你的孩子在美甲店待太长时间——那儿常常会使用大量丙酮及其他有害、易挥发的化学溶剂。

发胶　发胶中含有儿童呼吸道刺激物。在一个小而局限的空间(如浴室)使用发胶,尤其是喷雾型的,会很容易达到呼吸道刺激物浓度中毒上限。所以尽量选择非喷雾型发胶,并且在通风良好的场所使用。

新漆的墙面　新刷的油漆在干燥的过程中会释放有毒溶

剂气体。你需要在新上漆后几天至几个礼拜内保持房间通风，以减少室内化学物质的聚积。另外，尽量选择水性涂料，它们通常会比油性溶剂的毒性低一些。

新的家具和地毯 新的家具和地毯可能含有甲醛及其他化学溶剂成分，也就是所谓的"新"物品的味道。但是，甲醛是一种明确的致癌物和呼吸道刺激物。你可以尽量选用环保型的家具和地毯。但是如果你已经置办了可能含甲醛或其他化学物质的新家具或新地毯，那你就要保证家里每天通风来降低这些有害物质在室内的聚积，通风要持续数天或数周的时间。通过清洗或晾晒通风来去除棉质或人工合成地毯上的"新"气味也是一个好主意。新的浴帘或其他可能带有这种"新"气味的用品都可以用同样的方式去除——清洗或晾晒直至气味消失。

全屋地毯是过敏原吗？

全屋地毯在从新到旧的使用全过程中会产生各种问题。新的地毯容易释放如甲醛等刺激呼吸道的化学物质。地毯变旧的过程中，不断的积尘会引起过敏或哮喘；另外，从外面回到家,鞋子上沾满的铅尘及其他有毒物质也都会沉积在地毯上；此外,不可避免地,如果不小心将咖啡或果汁洒在地毯上则会导致霉菌繁殖,这就会引起各种症状,如打喷嚏、眼部刺激和呼吸急促等。

你可能觉得可以通过清洗地毯来解决这些问题,但是实际上地毯清洁剂本身也含有对呼吸道具有刺激性的有毒化学物质。美国国家职业安全与健康研究所的研究表明,地毯清洁剂中的成分会引起呼吸道刺激及过敏症状,如流泪。清洗过的地

地毯释放出的化学物质、灰尘会影响人体健康
Photo by rawpixel.com on Pexels

毯在晾干的过程中,残留的毒性刺激物会挥发到空气中,人体一旦大量吸入,会出现气促和喘息症状。

如果你家里使用了全屋地毯,最好还是将它们替换成可机洗的棉质或人工合成的地毯。如果仅能换其中一部分的话,那就从你的孩子的房间开始吧。

当然,你也可能并不想更换地毯。倘若如此,你可以使用带有高效空气过滤器的吸尘器定期清洁地毯,并在铺设全屋地毯的房间内制定"不许带进食物和饮料"的规则。尤其在晴朗、干燥的天气要勤通风,保持屋内空气新鲜;不要使用常规的地毯清洁剂,可以试着用市面上能找到的最安全的产品代替。

宠物会造成空气污染吗?

狗和猫会脱毛和产生皮屑,这两者都是作用很强的过敏原。如果你的孩子有严重的过敏表现,或任何形式的喘息及哮喘症状,你就不能在家里养猫狗或是让猫狗进家里,以防止它们在室内留下过敏原。动物皮屑会引起哮喘发作或造成不适的过敏症状,如眼睛发红、发痒,流涕等。有一些低过敏原的猫、狗品种通常不会加重对宠物过敏的儿童的症状。

需要使用床垫罩吗？

当然。枕头、褥垫、弹簧床垫、床单和毯子都是尘螨的家——尘螨是引起许多儿童过敏的微生物。虽然你可以定时洗床单和毯子（最好一周洗一次），但是你总不能把整张床塞进洗衣机里。

但是，你可以做的是用可拉上的、紧密编织的、轻薄的布（而不是塑料）覆盖儿童的褥垫和弹簧垫，这种布可以在网上或家居卖场找到。别使用号称"抗菌"或者声称可以防止霉菌或细菌繁殖的产品。这类产品通常含有三氯生，它是一种会在儿童体内积聚并引起化学变化的干扰内分泌功能的抗菌剂。

紧密编织的布质床垫罩也可以防止床虱、害虫的侵害，这些虫子无论在什么地方都很常见。虽然它们并不会传播传染性疾病，但它们会咬人，也确实是令人讨厌的、人们想要清除的东西。

毛绒玩具可以放在身边吗？

　　尘螨除了侵入你的枕头和毯子外，也会把你的孩子喜欢的动物毛绒玩具当成家。如果你的孩子有明显的过敏或任何类型的喘息、哮喘症状，不可清洗的填充式的动物毛绒玩具就不能玩了。沾满灰尘的填充动物玩具会引起哮喘发作或不适的过敏症状，如流鼻涕、眼睛发痒等。而且，不管你的孩子什么时

尘螨也喜欢以毛绒玩具为家
Photo by Kelly Sikkema on Unsplash

候接触到毛绒玩具,哮喘发作和过敏症状都有可能变得更糟糕而迁延不愈。

如果你希望你的孩子呼吸轻松,那就要确保他收藏的毛绒玩具是可洗的,并且保证每周都要清洗。如果你的孩子没有过敏症,或仅仅是有轻微的过敏表现,但没有经常发作喘息,那对那些不可洗的毛绒玩具,你尽可以放轻松些。但是,你应该意识到毛绒玩具中的灰尘可能会引起你的孩子偶尔的不适,持续接触过敏原也会使轻微的过敏症状加重。如果你的孩子的过敏发作增多,或他开始频繁发作喘息,你也应该重新考虑不再让他接触不可洗的填充式毛绒玩具。

7　家庭环境中的内分泌干扰物

内分泌干扰物是一类人造化学物质，可以破坏人体的化学信号系统——内分泌系统。

内分泌系统是一种由各种腺体组成的网络，它可以调节儿童的生长发育、年轻人的生殖功能以及老年人的衰老过程。内分泌系统包括垂体（垂体被称为"主腺"，调节人体的其他腺体）、甲状腺、胰腺、肾上腺、卵巢（女性）、睾丸（男性）等。

内分泌腺体通过向血液中释放微量并极其高效的化学物质——激素，从而向全身的细胞和器官发送信号。这些激素会在细胞内引发反应。因此，在紧急情况下，肾上腺会释放肾上腺素，使我们能与敌人战斗或快速远离危险。甲状腺分泌的甲状腺激素可以调节新陈代谢，并且对婴儿的大脑发育至关重要。卵巢释放的雌激素以及睾丸释放的雄激素调节青春期的启动，并且对生殖至关重要。

近几十年来，许多化学品被制造并添加至消费品中，现在人们都知道这些物质叫作内分泌干扰物，它们会干扰激素的作用。它们可以通过干扰包括生长激素、雌激素、睾酮、胰岛素和甲状腺激素等在内的激素的作用，导致疾病和干扰儿童的正常发育。

　　美国每年生产数百万磅具有内分泌干扰作用的化学品,用于家用塑料、肥皂、化妆品、空气清新剂、清洁产品、汽车燃料、家具防火涂料、杀虫剂、防污渍喷剂、金属罐内衬、餐具和医疗设备等。美国疾病预防控制中心进行的全国性调查显示,通常在大多数美国人的体内和血液中都能检测到这些化学物质。

有些肥皂中也含有具有内分泌干扰作用的化学品
Photo by Burst on Pexels

最常见的内分泌干扰物是什么？

双酚 A 俗称 BPA，是一种大量生产的化学品，主要用于环氧树脂和聚碳酸酯塑料中。聚碳酸酯广泛应用于食品和饮料包装中，包括饮用水水瓶、婴儿奶瓶、金属食品罐内衬、抗冲击安全设备、光盘和医疗设备等。环氧树脂被用于金属制品，如瓶盖、食品罐和供应饮用水的管道的漆涂层。双酚 A 也被用

聚碳酸酯广泛应用于饮用水水瓶中
Photo by Steve Johnson on Unsplash

于牙科密封胶和同类产品中,以及用于收银机和信用卡收据的热敏纸中。双酚 A 可以从食品罐内衬的环氧树脂涂层和聚碳酸酯消费品(如饮用水水瓶)中渗入食品。饮食摄入是最主要的双酚 A 日常接触来源。

邻苯二甲酸酯是一种油性的液体化学物质,用于增加塑料的柔软度和弹性。它广泛存在于工业品和消费品(如淋浴喷头、静脉注射袋、乙烯基、油墨和地砖)中。直到 20 世纪末,它还存在于婴儿奶瓶的奶嘴和安抚奶嘴中。用 PVC 制成的产

邻苯二甲酸酯广泛存在于淋浴喷头中
Photo by Pixabay on Pexels

品,如塑料食品包装、儿童玩具和聚氯乙烯管,也含有邻苯二甲酸酯。

邻苯二甲酸酯可以帮助产品保持颜色和气味,因此被用于化妆品、空气清新剂和家用清洁剂中。成分中含有"香料"的产品可能含有邻苯二甲酸酯。邻苯二甲酸酯是强大的内分泌干扰物。孕期接触邻苯二甲酸酯与胎儿大脑和生殖器官的发育紊乱有关,可能会导致儿童行为的改变及男孩生殖器官的女性化等。

有机磷杀虫剂是一种合成化学品,最初被用于第二次世界大战期间的化学战争中。化学武器沙林是一种有机磷杀虫剂。目前有机磷杀虫剂是使用最广泛的杀虫剂之一,用于消灭家中的爬行昆虫,以及在室外喷洒以防止飞虫进入院子。广泛使用的有机磷杀虫剂有马拉硫磷、二嗪磷和毒死蜱等。

目前已知的有机磷杀虫剂和其他内分泌干扰物一样,都对大脑和神经系统有害。孕期接触这些化学物质与婴儿大脑发育异常有关,这些化学物质还可能增加儿童后期患肥胖症和糖尿病的风险。

多氯联苯是一种非常稳定、不可燃、耐高温的油性化学品。

它被广泛用作绝缘体、阻燃剂、稳定剂、密封胶与黏合剂等,用于荧光灯镇流器、嵌缝、油毡、天花板瓷砖和木材清漆等中。虽然大多数国家都不再制造或分销多氯联苯,但许多在多氯联苯禁令颁发之前研发的含有多氯联苯的产品仍在使用中。因为多氯联苯在环境中是持续存在的,可以向食物链上游移动或进行生物累积,所以人们会因食用鱼、肉和奶制品而接触多氯联苯。例如,当许多含有多氯联苯的小鱼被大鱼吃掉时,所有的多氯联苯就会进入大鱼体内并蓄积,直到它们被食物链上更高级别的消费者(包括人类)吃掉,继而所有收集到的多氯联苯都蓄积到了这些消费者体内。多氯联苯是内分泌干扰物。早期接触,尤其是产前接触,与儿童出现发育障碍、学习障碍、记忆障碍和精神运动障碍有关。

溴化阻燃剂的化学名称为多溴联苯醚(PBDEs),与多氯联苯非常相似。溴化阻燃剂广泛应用于消费品,如电脑、窗帘、家具、地毯,以及工业产品,特别是塑料和纺织品中。

与多氯联苯一样,溴化阻燃剂在环境中具有持久性。越来越多的证据表明,溴化阻燃剂是内分泌干扰物,对人类(尤其是婴幼儿)是有害的。产前接触溴化阻燃剂与儿童智力下降和行为障碍有关。

在美国,溴化阻燃剂继续被用作床垫和家具的阻燃剂,环境和人体中的溴化阻燃剂水平继续增长,每两到五年就翻一番。相比之下,在已禁止使用溴化阻燃剂的瑞典,人们体内的溴化阻燃剂水平急剧下降。美国的一些州,特别是加利福尼亚州、俄勒冈州、伊利诺伊州、密歇根州与佛蒙特州等,都颁布了关于溴化阻燃剂的使用禁令。

还有其他商业用途的化学品是内分泌干扰物吗?

目前,还没有确定一种特定物质是否是内分泌干扰物的检验标准。美国《清洁水法》和《食品质量保护法》(1996 年)都要求美国环境保护署开发检验方法。

研究人员正在研究家用日化产品生产中广泛使用的其他化学物质,以确定它们是否也是内分泌干扰物。研究的结果将使科学家能够确定哪些是应该从市场上移除的有害内分泌干扰物。

虽然不是所有的信息都在里面,但是人们当前关注的一些化学品包括在内:

乙二醇醚是可以在一些油漆、清洁产品、刹车液和一些化妆品中找到的一种溶剂。根据欧盟的说法，它可能与一些画家的生育能力下降有关，并可能会损害胎儿成年以后的生育能力。

苯甲酸酯是化妆品的常用添加剂。作为内分泌干扰物，这类化学物质正受到越来越多的关注。它们作为防腐剂被添加到洗发水、护发素、除臭剂、洗面奶、眼妆产品和化妆水中以阻止微生物生长。它们是用于阻止微生物生长的防腐剂。目前的相关研究主要聚焦于它们与乳腺癌的可能联系。

塑料含有内分泌干扰物吗？

许多塑料都含有内分泌干扰物。由于无法避免使用塑料消费品，所以有一些使塑料的使用变得更加安全的方法是很有用的。

塑料食品容器的底部通常标有三角形塑料回收标志，内有数字编号1—7，用以表明该产品使用的塑料种类。下面是各回收标志的含义：

 ♯1 PET(聚对苯二甲酸乙二醇酯)

♯2 HDPE(高密度聚乙烯)

♯3 PVC(聚氯乙烯)

♯4 LDPE(低密度聚乙烯)

♯5 PP(聚丙烯)

♯6 PS(聚苯乙烯)

 ♯7 其他(通常是聚碳酸酯)

　　♯1 PET 制成的塑料更为安全,但不建议重复使用。当你购物时,可以考虑购买由♯1 PET、♯2 HDPE、♯4 LDPE以及♯5 PP 制成的塑料制品,这个建议可以帮助你选择更安

全的塑料制品。

我们也应使用上述的指导方针来检查儿童玩具的塑料部件。很多玩具是由 PVC 制成的,我们应避免使用这类玩具。

可以用微波炉加热用塑料容器盛放或塑料膜包装的食品吗?

用微波炉加热用塑料容器盛放或塑料膜包装的食品并不是一个好主意。新型塑料食品容器与食品包装含有被称为增塑剂的化学物质,这种物质可以增强塑料的柔软性与柔韧性。增塑剂包括邻苯二甲酸酯和双酚 A,它们都是内分泌干扰物。增塑剂不会停留在塑料包装或塑料容器中,尤其是当包装或容器受到极端条件的影响时,例如在微波炉中加热时,它们会侵入食物中,随着食物进入人体内。

你可以通过使用玻璃、陶瓷或不锈钢等材料稳定的容器烹调与储存食物,从而减少从塑料容器中进入食物与空气中的有害化学物质的量。

塑料水瓶是否含有内分泌干扰物？

塑料水瓶与塑料饮料瓶也可能含有与上面讨论过的烹饪塑料一样的内分泌干扰物。瓶中的水或饮料可能含有少量用于塑料制造的化学物质。使用不锈钢水瓶可以最好地保证不摄入从便携式饮用容器中浸出的化学物质。

烹饪和饮用时，家庭管道中的冷水比热水更安全吗？

是的。家庭管道中的热水比冷水会渗出更多的化学物质，所以使用管道中的冷水加热饮用、烹饪和冲调婴儿配方奶粉可以降低摄入化学物质的风险。在家用管道中放置数小时的冷水也能从管道中浸出少量的铅和其他化学物质。所以在你装满平底锅或茶壶之前，将水龙头先打开 30 秒也有助于减少铅和其他化学物质的摄入。（在 30 秒内流出的水不需要丢弃，可以用于灌溉植物或其他不涉及人类消耗的用途。）

所有的婴儿奶瓶都安全吗?

直到 21 世纪,由聚碳酸酯制成的塑料婴儿奶瓶一直是无数婴儿接触双酚 A 的主要来源,双酚 A 是一种作用很强的内分泌干扰物。考虑到双酚 A 的危险性,忧心忡忡的家长们开展了一项基层运动,要求在婴儿奶瓶和其他用于有儿童的家庭的塑料制品中不再使用双酚 A。许多制造商对此做出了回应,并自愿地在他们的许多产品中淘汰了双酚 A。然后,围绕产品的"无双酚 A"成分开展广告宣传活动,这是制造商在应对消费者担忧方面做出的正常反应。

然而,在一些产品包括一些婴儿奶瓶中,仍然含有双酚 A。此外,制造商使用的代替双酚 A 的化学物质包括双酚 S(BPS),顾名思义,它是双酚 A 的近亲,也可能是内分泌干扰物。

在立法或消费者成功地将双酚 A 和双酚 S 从所有婴儿产品中去除之前,带硅胶奶嘴的玻璃瓶仍然是比塑料奶瓶更安全的替代品。可选用重型厚玻璃奶瓶,其破损的风险相对较低。

为什么推荐将硅胶用于奶瓶的奶嘴和安抚奶嘴？

奶瓶上的奶嘴和安抚奶嘴需要柔软和有弹性，这样才更能满足婴幼儿的需求。为了保证奶嘴的柔软度和弹性，制造商在制造这些产品的过程中会添加增塑剂，如邻苯二甲酸酯，这是一种内分泌干扰物。而硅胶自然柔软且有弹性，在制造过程中不需要添加增塑剂。

硅胶奶嘴不含增塑剂，对婴儿来说相对更安全
Photo by Andrey Evdokimov on Unsplash

哪些食品包装含有内分泌干扰物？

罐头食品的金属罐环氧树脂衬里通常含有双酚 A，一种已知的内分泌干扰物。环氧树脂衬里是用来确保内容物不会与罐本身发生反应的。一些制造商正在探索用更安全的材料替代罐头包装衬里的方法。但目前，将这种风险降至最低的最保险的方法是购买罐头包装衬里不含双酚 A 的罐装食品，或者购买完全避开包装的新鲜食品。

炊具含有内分泌干扰物吗？

一些不粘锅类的炊具含有能够扰乱内分泌的化学物质，这种化学物质被称为全氟化合物。全氟化合物可以通过搅拌和盛菜等正常烹饪过程浸出或摩擦脱落至食物中。

然而，全氟化合物是一种非常稳定的化合物，不会在环境或垃圾填埋场中分解，并将无限期地与我们同在。几乎我们每个人体内都已经有微量的这些化学物质。它们存在于当代儿童的身体里，也将存在于后代儿童的身体里。

一些全氟化合物现在被认为是内分泌干扰物。它们与低出生体重、男性生育问题、甲状腺疾病、肾病和高胆固醇等有关,但全氟化合物目前还缺乏完整的检测数据。

家具和地毯是否含有有毒物质?

全氟化合物是用于提高商业织物(包括室内装潢用品和地毯)耐沾污性的化学物质。这些化学物质是环境内分泌干扰物,在环境中将持续存在,不会在垃圾填埋场分解。许多沙发、椅子和其他填充式家具以及一些地毯和窗帘都含有高度危险的阻燃剂。

阻燃剂和去污剂是否构成同样的威胁?

阻燃剂和去污剂都含有内分泌干扰物。大多数消费品,包括电脑、电视、手机、汽车设备、建筑材料、聚氨酯泡沫床垫、靠垫、软垫家具、地毯和窗帘等,都含有阻燃剂。阻燃剂都含有一种叫作多溴联苯醚的化学物质,直到二三十年前,这种物质还被添加到儿童睡衣中。乍一看,制造任何阻燃的东西听起来都是个好主意,但仔细观察会发现情况完全不同。

多溴联苯醚具有类似于多氯联苯的化学结构。多氯联苯是一种已知的内分泌干扰物。孕妇产前多氯联苯暴露的后果尤其严重,会导致后代智力下降和行为障碍。和多氯联苯一样,多溴联苯醚在环境中无处不在,并且在我们体内不断蓄积。产品中添加的多溴联苯醚因为不是与产品产生化学性连接,所以很容易从产品中去除。

父母可以选择产品标签上标明不含多溴联苯醚之类的添加剂的床垫和家具,这样可以将儿童接触阻燃剂的风险降到最低。在其他产品中,取代多溴联苯醚的替代品并没有那么容易获得,除非有新的立法,否则这种情况将继续存在。

肥皂中含有内分泌干扰物吗?

有些肥皂,特别是那些添加香料或抗菌剂的肥皂,可能含有内分泌干扰物。

经常用肥皂和水洗手仍然是对抗疾病蔓延的最佳方法。如果条件不允许,可以使用含有至少 60％酒精的免洗洗手液,这类产品对大多数细菌都是非常有效的,但在去除脏手上的毒素或细菌方面效果较差。因此,使用最强力的抗菌肥皂似乎是最好、最有效的选择。但事实并非如此。

以下是你不应该使用抗菌肥皂的原因:

没有证据表明抗菌肥皂比普通肥皂和水更有效。

2016 年 9 月,美国食品药品管理局裁定,抗菌清洁剂在防止细菌传播方面并不比肥皂和水更有效,而且肥皂、洗手液、洗

没有证据表明抗菌肥皂比普通肥皂和水更有效
Photo by andres chaparro on Pexels

发水和沐浴露等产品不能再以抗菌产品的形式销售。这些产品中使用的抗菌化学品,如三氯生和三氯卡班,是持续存在的环境污染物。

从肥皂泡到废弃的或排泄的处方药,所有的东西都进入了下水道。这些化学物质很有可能会通过污染我们的水和食物而卷土重来。进入下水道的污水经过污水处理厂处理后排放到环境中。有些物质能够持续存在,它们足以通过污水处理厂流入河流或进入云层,进而通过降雨进入农场和饮用水水库中。这些化学物质最终会回到我们的食物和水中,被称为持久性环境污染物。

美国疾病预防控制中心发现,75％的美国人的尿液中可以检测出三氯生,自 2004 年以来,三氯生的浓度增加了 50％。三氯生和三氯卡班是内分泌干扰物。这些抗菌类内分泌干扰物已经存在于大多数美国人体内。就像我们身体里的其他内分泌干扰物一样,它们现在可能很忙,忙着干扰我们的细胞,假装自己是激素。作为内分泌干扰物,它们可以进入我们的细胞,并干扰激素在控制细胞的日常活动、婴儿和儿童的生长发育、青春期的启动和性成熟,以及衰老过程中的作用。新的研究表明,内分泌干扰物的影响可以涉及多代人。换句话说,它们的危害作用可以通过我们的基因传递给我们的后代。

空气清新剂含有内分泌干扰物吗？

是的。可以产生宜人气味的产品通常含有邻苯二甲酸酯，邻苯二甲酸酯是已知的内分泌干扰物。插座式空气清新剂里这些有毒化合物的含量特别高。

香水也含有内分泌干扰物吗？ 其他化妆品呢？

有些香水或其他化妆品确实含有已知的内分泌干扰物，如邻苯二甲酸酯、对羟基苯甲酸酯或乙二醇醚。然而，因为很难从化妆品的产品标签中辨别出它们的成分，消费者很难知道自己的皮肤上涂抹的是什么化学物质。

美国环境工作组是一个非营利性组织，总部设在美国，目前正在编制一个名为"皮肤深度"（Skin Deep）的化妆品安全数据库，用以介绍可供消费者使用的化妆品，并突出说明产品中列出的每种成分。虽然该数据库还有很多工作要做，但它目前强调了一个事实，即我们对于自己以健康和美丽的名义涂抹于皮肤的许多化学物质的信息了解不足。随着研究人员对这些产品中使用成分的健康和安全数据有更多的了解,我们对于自己在购买化妆品时应该避免哪些成分或产品应该会有一个更清晰的认识。

8　杀虫剂与除草剂

杀虫剂是一类用于防治或杀灭某些生物如部分啮齿动物、昆虫或真菌等的化学制剂。除草剂是一类用以消灭或抑制植物如杂草等生长的化学制剂。它们在农业以及家庭中被广泛使用，种类也多种多样，由于杀虫剂与除草剂中的部分化学成分对人体存在危害，所以探讨其给儿童带来的风险十分必要，在本书中我们同样也关注了使用杀虫剂与除草剂对食物的影响。这些内容可以帮助你了解到在诸如草坪养护、害虫防治等日常工作中使用的上述化学品对儿童可能造成的危害。

杀虫剂的危害有哪些？

杀虫剂可以快速有效地防治或杀灭以植物或家庭为目标的害虫，但同时，这些化学制剂也带来了不必要的副作用并导致产生了一些新问题。

杀虫剂缺乏特异性：在杀灭害虫的同时，杀虫剂也可能杀死益虫、鸟类或其他动物，并且杀虫剂对人体健康有害。杀虫剂的长期应用可能会使害虫产生耐药性，使生存能力强的害虫重组基因，继续生长、繁殖，变得更加强大。由于杀虫剂本身并不能区分哪些虫类有益，哪些虫类有害，所以当人们向菜园或花园喷洒杀虫剂时,它们可能同时杀死了蝴蝶、蜜蜂或其他有益昆虫,而这些有益昆虫不仅可以帮助植物授粉,而且可以捕食害虫。此外,无论是在室内还是室外使用杀虫剂,都会使儿童处于有毒化学品的环境中。

何为有机磷杀虫剂?

有机磷杀虫剂是一类到 21 世纪为止,在商用及家用上使

无论是在室内还是在室外使用杀虫剂,都会使儿童处于有害环境中
Photo by Micheile Henderson on Unsplash

用范围最广的杀虫剂之一。然而,有机磷杀虫剂的毒性非常强,甚至可致命。人们通常经皮肤接触、呼吸道吸入、误食等途径而中毒。1995 年日本东京地铁沙林毒气事件的元凶便是一种有机磷化学制剂。高剂量的有机磷暴露引起的中毒症状有视力模糊、腹痛、流涎增多、出汗、易激惹、恶心、呕吐、肌肉痉挛、意识模糊甚至全身抽搐等。然而,低剂量的有机磷暴露,即使未导致上述临床症状,同样也对人体有害,尤其对于儿童更为明显。研究表明,孕期有机磷暴露与婴儿低出生体重、头围小以及智力发育迟缓存在相关性。

毒死蜱,一种极具代表性的有机磷杀虫剂,在 2001 年以前被广泛应用于公寓消灭蟑螂,另外家庭与花园也常用之来杀灭跳蚤、蜱、大黄蜂、白蚁、蟑螂等害虫。2001 年其由于毒性较强,被撤出家用市场以减少对儿童的危害。目前,毒死蜱仍广泛应用于农业。因此,多种市售水果和蔬菜上均可检测到它的残留。然而,将该杀虫剂撤市的努力却屡遭化学工业界的阻挠,最终在 2017 年 3 月,美国环境保护署不得不暂缓关于进一步限制毒死蜱使用提案的讨论。

美国疾病预防控制中心的调查结果显示,超过 90％ 的美国人体内残留着可检出量的毒死蜱成分。甚至在北极的冰层样本中也检出了毒死蜱残留。该化合物在环境中可长期存在，是一种相对持久的有机污染物。尽管目前这种杀虫剂的使用已经受到严格限制，但儿童及其家庭成员仍在经受持续的暴露风险。

毒死蜱对人类大脑发育具有较大毒性。众多研究表明，孕妇产前毒死蜱暴露可导致后代出现智力低下、注意力不集中等症状并导致行为问题，严重时还可表现出与寨卡病毒感染类似的小颅畸形。头颅磁共振成像显示，有出生前毒死蜱暴露史的

蔬菜和水果中可残留农药的水平需考虑儿童的易感性
Photo by ja ma on Unsplash

7 到 8 岁儿童，其大脑解剖结构及功能均发生了改变。

其他目前市售的有机磷杀虫剂，如二嗪磷和马拉硫磷，以及甲萘威也是常用的家用杀虫剂。尽管上述杀虫剂没有像毒死蜱一样被详细研究，但由于其都属于有机磷类化合物，作用机制相同，所以毒性作用也极为类似。即使在室内，我们严格按照制造商的使用说明来使用上述有机磷杀虫剂，其依然会在地毯、玩具上聚积，导致儿童的持续暴露。

杀虫剂的使用是增加了还是减少了？

某些旧款杀虫剂的使用在逐渐减少，但一些新型杀虫剂的使用有上升趋势。新烟碱类杀虫剂是一类已知的具有神经毒性的化学物质，其使用量正在迅速增加。新烟碱类杀虫剂——吡虫啉，目前已在世界范围内被广泛使用，而它 20 年前才被引进。新烟碱类杀虫剂被认为与蜜蜂群大量死亡有关——药物作用于蜜蜂的大脑及神经系统，损害其定向导航功能。这使得大批农作物与植物无法正常授粉，农作物及生态系统被严重破坏。欧洲已经开始出台政策禁止或严格限制这类杀虫剂的使用。尽管新烟碱类杀虫剂被广泛使用，但是有关其对于人类健康的影响,我们几乎一无所知。这类化学物质已知对昆虫具有神经毒性,但是它们对人类,尤其是儿童,可能产生的影响仍是一个未解之谜。

除新烟碱类杀虫剂外,草甘膦也是一种被大量使用的除草剂,草甘膦主要用于杀死玉米、大豆、甜菜等农作物生长过程中的杂草。家庭花园修整除草也常常使用这种除草剂。在过去的 25 年中,该除草剂的使用增加了 25 倍。世界卫生组织近期宣布,草甘膦可能是一种致癌物,一种被认为可能会导致人类罹患癌症的化学物质。

有没有不使用杀虫剂也能消灭害虫的安全有效的方法?

有。一种名为有害生物综合治理(integrated pest management,IPM)的技术,是目前公认的毒性最小的灭虫方法。通常,有害生物综合治理仅在其他方法均无效的情况下才被用于灭虫。

有害生物综合治理主要通过破坏害虫的食物来源、水源以及滋生地来达到灭虫的目的。上述方法可以持续有效地解决虫患问题,而不是一个临时的或会带来更大问题的解决方案。

应优先采用非化学控制法,比如使用封闭式捕鼠器而非使用对儿童有毒性作用的鼠药来灭鼠,用黏附陷阱代替药物喷雾来灭虫等。

如果要除虫员来帮助除虫,用什么方法可以减少化学杀虫剂的接触?

下面这些建议将对你有所帮助:

捕鼠器比鼠药可能更安全有效
Photo by Skitterphoto on Pexels

（1）**只选择有害生物综合治理技术来灭虫，并了解其详细的具体过程。**询问除虫员他将如何评估以及解决你的问题，具体步骤如何，是否符合有害生物综合治理要求。

（2）**确认除虫员具有通过相关认证的专业资质。**美国大多数州要求除虫员获得认证，必要时可查看相关证件。

（3）**如果除虫员建议使用杀虫剂，询问其具体成分。**索要每种准备使用的杀虫剂的化学品安全技术说明书，该说明书上会写明杀虫剂的具体成分、毒性以及其对健康的影响等信息。若除虫员不能提供将要使用的产品的具体的、详细的信息，请慎用相应产品。仅仅提供产品的名称是不够的，因为绝对安全的灭虫产品并不存在。在同意使用杀虫剂之前，你最好了解下相关产品的各项信息。

（4）**询问除虫员有没有其他更安全的备选方案。**一个专业的使用有害生物综合治理技术的除虫员会向你提供完备的防虫灭虫方案而不会仅仅是反复使用杀虫剂。

（5）**询问灭虫的频率。**正确的方法应该是定期检查灭虫效果，只有当顽固的虫患无法被其他方法解决时才应用杀虫剂。不要相信那些号称为"防止虫患复发"而采取的每月定期喷洒药物的灭虫方法。

草坪用化学制剂有毒吗?

是的,大多数都是有毒的。在美国,为了美化草坪,需要用到几十种化学物质,这其中就包括致癌物、内分泌干扰物和已知的会损害人体其他系统的物质。美国疾病预防控制中心的调查显示,这些化合物在大部分美国人体内均能检出。

没有使用与草坪相关的化学制剂,是否仍可能有接触相关化学品的风险?

想象一下如下场景:你的窗户开着,你的孩子们正在后院玩耍,玩具散落一地。这时,一名草坪养护员开着绿白相间的卡车在你邻居的门前停下,他取出工具,在你邻居的草坪上开始喷洒那些有毒的杀虫剂和除草剂。那些有毒的气雾随风飘到孩子们的玩具上,并且孩子们也因此吸入了有害的化合物。

上述情景显示了"杀虫剂漂移"的过程。也就是说,杀虫剂可以从使用场所被吹送到邻近的其他场所,因此,家庭成员可能在不知情的情况下暴露于有毒环境中。邻居的院子、邻近的农场或在家中穿着的被杀虫剂污染的鞋子均可成为杀虫剂的来源。研究还显示,一些杀虫剂可能在初次喷洒后长时间留存。另外一些研究则显示,杀虫剂可以轻易随空气流动进入室内,导致室内玩耍儿童的相关暴露。

下面是避免上述情况发生的几条建议:

(1) 同邻居交流协商解决问题。了解杀虫剂的成分并表达你的担心(杀虫剂会飘到你的院子或室内,对你的孩子造成不良影响)。你可能需要带上类似本书的相关科普资料。或许你可以为邻居提供一些你熟悉的使用无毒产品的相关公司。

(2) 联系当地的健康或环保机构。询问是否存在有关监管"杀虫剂漂移"的法规及条例,美国及加拿大很多城市都曾颁布相关法律。

(3) 同你的邻居共同解决问题。一些地区设定了相关法规,在准备使用杀虫剂 48 小时之前,使用者必须提前告知邻居。如果提前知晓,你就可以提前关闭门窗,把玩具放回室内,让你的孩子不要外出。如果没有相关法规,你可以同邻居共同商议沟通解决。

如何知道邻居家的草坪或庭院已经喷了杀虫剂了？

即使你自己从不用杀虫剂，你可能已经注意到你邻居的草坪上多次插着"杀虫剂标志旗"了。

所谓"杀虫剂标志旗"指的是在喷洒过杀虫剂的草坪上放置标识来提醒路人 24 小时内禁止进入相关区域。但是宠物狗或儿童常常注意不到这些标识，或者有些标识忘记收回，长时间放置甚至长达数周，使得你无法直接判断相关区域是不是近期使用过杀虫剂。"杀虫剂标志旗"还可以告诉你有多少邻居在使用杀虫剂来保持他们院子草坪的美观，即进行了所谓的"美化性"杀虫作业。

有些地区已经出台法规禁止进行"美化性"杀虫作业了。马里兰州塔科马帕克市议会和加拿大安大略省已经通过了禁止在公共及私人场合使用杀虫剂的法律法规。这些法规有助于降低杀虫剂暴露的风险，减少了杀虫剂从使用区域到周边非使用区域的"漂移"。

杀虫剂是用于杀灭害虫的化学制剂，其主要作用机制是影响害虫的神经系统,而神经系统也是人类的基本生物系统,并且人类大脑和害虫大脑中有很多相同的酶系。所以,我们怎会有理由认为人类可以对某些杀虫剂免疫呢?

让你的宠物和孩子远离喷过杀虫剂的草坪。建议你的邻居在院子里使用低毒性杀虫剂或重新种上单一的、不易长杂草的植物,草坪上种少量蒲公英可以作为没有使用有毒化学制剂的标志。

不用化学肥料和杀虫剂,如何拥有漂亮的草坪?

下面是几条安全的建议:

(1) 种植合适的植物。本地植物在任何环境下都能长得好,它们已经通过自然选择适应了当地的气候,因此可选择适合在当地生长的草种。

(2) 将你的割草机设置到最大高度。草叶越长,根系越发达,就越有助于抵御杂草,另外也有助于遮挡阳光,防止根部被晒伤。在干燥的季节,长草叶还可以有助于保持根部的湿润,降低草地对水的要求。

(3) 将剪下的草留在草坪上。这些剪下的碎草分解后将为土壤提供丰富的氮元素,使得土质更加健康肥沃,而割草时使用地膜覆盖将加快这一进程。春季时,则可以把草坪耙干净,除去剩下的茅草,让小草尽快萌发。

（4）使用无毒方法控制杂草。建议采用人工拔草的方法清理。不要总是想着具体还有多少根杂草,要学会与你的草地和平共处。

（5）为了防止宽叶杂草的生长,在连翘花开的时候在草坪上撒上玉米麸质粉。使用玉米麸质粉是一种纯天然的防止杂

保持草坪的整洁有其他安全的方法，学会与你的草坪和平共处
Photo by Daniel Watson on Unsplash

草生长的方法。在很多园艺店都可以买到玉米麸质粉。而对于那些已经长出的宽叶杂草,最好的方法是用手拔掉。

(6) 在部分草坪上铺些小碎石或种些本地植物。 这些将有助于减少草坪浇水的需求量,并且这些本地植物很好打理。

如果家中有白蚁,各种灭蚁方法的毒性如何?

尽管白蚁在自然界有合适的地方筑巢生存(它们帮助将倒下的木材和木料变成木屑,使其进入更新和再生的循环),但有时也会侵入家具中带来危害。

传统的灭蚁剂有:

氯丹是一种毒性很强的含氯化合物,用于防治白蚁已经有数十年的历史。灭虫人员一般会在房屋地基的周围先挖几个洞,然后将氯丹填入。然而,这将导致杀虫剂在家中长期处于高浓度水平并威胁人体健康,包括诱发癌症等。氯丹在1988 年被美国环境保护署禁止使用,但在首次投药 35 年后,其残留物依然可在房屋内被检测到。2017 年,美国疾病预防控制中心在第四次全国环境化学制剂污染物暴露情况报告中提到,目前,美国人体内仍可检测出氯丹。

毒死蜱是一种有机磷杀虫剂,曾经是商业灭白蚁的首选,但由于其对人体健康,尤其是对婴幼儿脑部发育存在严重危害,2005 年已经被美国环境保护署淘汰。一些对健康具有较小潜在危害的新的灭蚁药物已经取代了它的位置。

目前,许多灭蚁的方法仍使用有毒杀虫剂,据美国环境保护署所述,目前最常用的几种新型灭蚁制剂有:

啶虫脒是一种新烟碱类杀虫剂,可能导致世界范围内蜜蜂群大量死亡。目前尚无有关该杀虫剂对人类健康的长期影响的研究,但由于该化合物对中枢神经系统的毒性较强,其正越来越受到关注。

联苯菊酯是一种合成的拟除虫菊酯,用途广泛。其对水生生物具有毒性。一些研究发现,其毒性机理主要是干扰水生生物的内分泌系统。

氯虫苯甲酰胺是一类新型杀虫剂,属于邻氨基苯甲酰胺类化合物。有关其对人类健康长期影响的研究尚未完成。

溴虫腈是一种具有中等毒性强度的吡咯类化合物,是对蜜蜂及水生生物有高度毒性的新一类杀虫剂。

氟氯氰菊酯、氯氰菊酯和顺式氰戊菊酯也是合成的拟除虫菊酯类杀虫剂。

氟虫腈是苯基吡唑类杀虫剂。美国环境保护署已经将其归类为可能的致癌物。动物实验提示该药物可以影响大鼠的生育功能并延缓其子代的发育。

吡虫啉是新烟碱类杀虫剂，主要攻击害虫的神经系统。研究显示其对生育有一定影响，包括延缓子代的骨骼发育。尽管吡虫啉在环境中广泛存在，但有关其对人类健康长期影响的研究尚未完成。

氯菊酯是拟除虫菊酯，对鱼类、水生动物、蜜蜂等其他益虫有极高毒性。该药物也被美国环境保护署列为可疑致癌物。

其他低毒的灭蚁方法：

超低温　灭虫人员将液氮注射到家中墙壁内的白蚁巢中，该方法的一大优势是液氮可以很容易地接触到白蚁及其巢穴。

电击致死　灭虫人员在被白蚁蛀蚀的木头表面通过使用一个带有通电探针的工具来杀死白蚁。

硅藻土封堵　通过破坏蚁巢的外壳使得白蚁缺水而死。

生物防治 将线虫(微小的虫状生物)与水混合注入房屋周围的土壤中。一旦进入土壤,这些线虫会搜寻并杀死白蚁。

如果家中有蟑螂,有没有无毒的灭蟑方法?

无论你的家中打扫得多么干净,还是可能会有蟑螂出现。蟑螂一般常见于市区的公寓里,这里空间相对狭小,有利于它们的繁殖。蟑螂的粪便可以诱发儿童哮喘并导致过敏。

灭蟑药物会对蟑螂的大脑及神经系统产生毒性,然而这类杀虫剂同样对儿童的大脑和神经系统有害。一些灭蟑药物在某些人身上还可能导致过敏反应和急性哮喘发作。目前越来越多的证据显示杀虫剂与儿童哮喘有关,因此,避免出现上述问题的最好方式是避免使用化学制剂灭蟑。

安全无毒的灭蟑方法主要是通过切断害虫的食物和水的来源,破坏害虫的滋生地,即前文提到的有害生物综合治理技术来实现,下面几种方法可供参考。

(1)堵住家中的缝隙。堵住墙壁、地板、角落、踢脚线处的缝隙,蟑螂可以利用这些缝隙藏身并在你看不见的情况下在房间中穿梭。可以使用嵌缝膏进行封堵,就像你填充瓷砖和浴缸之间的接缝那样。对于相对较大的缝隙,可使用木垫片并在填缝后做防渗水处理。建议使用无毒环保的防水涂料。不要忘记检查水槽下方,对于管道和地板以及墙壁之间的缝隙也需要封堵,因为这通常是蟑螂活动的必经之路。填缝对于预防鼠患也是非常有用的方法。

(2)**使用粘蟑胶水。**在蟑螂出没的地方放置陷阱,并在捕获蟑螂后及时更换。

(3)**坚持"卧室不放食物"的原则。**食物会引来蟑螂,不要将饼干、比萨等食物带进卧室,这样,食物的碎屑就不会进入卧室引来蟑螂。特别是儿童的卧室更要如此,这样就可以减少蟑螂进入卧室后定居并导致儿童过敏或哮喘。

(4)**睡前使厨房保持干燥。**蟑螂喜欢潮湿和有水的地方,厨房中未拧干的抹布、洗碗海绵以及没有擦干的碗碟都是它们常去的地方。所以,建议擦干或烘干碗碟,将湿抹布用塑料袋包起来。建议使用抹布后用热肥皂水将其清洗干净,这样可以避免隔夜后滋生细菌。早上使用前再清洗一次,以减少细菌积累。你也可以将抹布或洗碗海绵放入洗碗机内一起清洗并烘干。

（5）**清洁角落**。油脂和面包屑易聚集在那些不容易清洁的角落，这往往是蟑螂理想的居所。所以需要定期清理冰箱下面、烤箱后面以及厨房里其他容易聚集这些食物碎屑的角落和缝隙。

宠物用的防虱蚤项圈是否含有有毒化学品？

很多市售的防虱蚤项圈都有持续数月的防虫效果，但同时说明书上也提醒使用者避免项圈灰尘或项圈本身误入口中，同时建议避免项圈接触皮肤、眼睛和衣物等。但对于尚未懂事的婴幼儿而言，他们在与宠物玩耍时很难避免上述情况。

很显然，对于一个试图避免化学毒性的家庭来说，像防虱蚤项圈这类含有杀虫剂的物品不是家庭最好的选择。幸运的是，有其他方法同样可以防虱。兽医可以提供宠物用的口服药片来防虱，并且目前也已经有适用于狗的莱姆病疫苗。也有带天然草药的防虱蚤项圈，最好是和你的兽医商量一下，看使用哪种最好。另外，不要给宠物使用除虱蚤香波，因为香波在给宠物杀虫的同时也可能对儿童的健康造成不利影响。

但由于跳蚤可携带犬恶丝虫，一种可导致宠物狗患上严重疾病的病原体，而虱子可以通过叮咬传播莱姆病，无论对成人、儿童或是宠物狗而言均可被感染。所以，在上述防虫方法无效的情况下，在必要时我们仍可以使用毒性较小的杀虫剂。

9 食物中的化学污染

美国的食品体系有很多缺点，最容易获得的食物通常是最不健康的。食物中的化学物质并没有得到充分的重视，本章将为研究食物和化学物质提供指南。

哪些食物最有可能含有毒农药残留？

水果和蔬菜是直接经过农药处理的，有时处理时间就在上市的几天或几个小时前，因此当在货架上待售时，农药很可能大量残留在水果和蔬菜中。1993 年一个里程碑式的报告《婴幼儿饮食中的杀虫剂》引起了美国国家科学院对农产品中残留农药可能影响儿童健康和发展的重视。目前，研究者发现，即使是极小剂量的农药也会干扰儿童的大脑或调节生长发育的激素。随着危害儿童发育的化学物质名单不断增加，我们鼓励父母应尽其所能避免儿童接触农药残留。以下是一些有用的策略。

尽可能使用认证过的有机农产品。"有机"一词是受到严格管制的，有机农产品是在没有使用任何杀虫剂、除草剂或化肥的条件下种植的。因为有机食品是在没有化学物质的情况下种植的，所以它们不含使用化学品和农药培育的"传统种植"

产品中所含的有毒农药残留。水果和蔬菜必须符合美国联邦政府规定的最低标准,才能被贴上"有机认证"的标签。[注:食品营销人员很有创意地使用了其他不受监管以及无意义的标签,比如"天然的"或"自产的",但这并不能表明食品是完全安全的,在美国寻找含绿色的"美国农业部有机认证"(USDA Organic)标签的食品是最好的做法。]

限制进口产品的数量。虽然美国种植的大多数水果和蔬菜都使用农药,但联邦政府已经禁止使用危险性较高的农药,如滴滴涕等,因为它们具有长期毒性作用。不幸的是,化学品制造商在法律不那么严格的国家发现了被禁化学品的市场。其他国家的种植者在水果和蔬菜上使用这些有毒农药,然后出口到美国。尽管联邦政府对进口到美国的农产品进行监管,但监管并不完善,而且毫无疑问,被禁用的杀虫剂已经进入了美国的食品供应链,部分原因是进口口岸执法不严。

判断水果或蔬菜是否是进口的最好方法是检查标签。如果无法从标签上看出来,就询问销售商。如果他们也不知道,就应该考虑换个地方购买。现在一些连锁食品店会在水果和蔬菜上贴上原产地标签,并标明这些产品是否为传统种植(例如,是否使用了农药或肥料)或是否为有机食品。

哪些水果和蔬菜更容易残留农药？

美国环境工作组每年都会发布一份 12 种"最脏果蔬"(dirty dozen)榜单，其中会列出美国当年农药残留量最高的水果和蔬菜，2016 年美国农药残留量最高的 12 种果蔬是：草莓、苹果、油桃、毛桃、芹菜、葡萄、樱桃、菠菜、番茄、甜椒、樱桃小番茄、黄瓜。

这是有原因的：与那些需要去皮或有硬壳的果蔬相比，有柔软和可食用果皮的果蔬，更容易在人类食用时使其接触农药。

相反，美国环境工作组列出的 2016 年美国 15 种"最干净果蔬"(clean fifteen)的榜单中，农药残留量最少的 15 种果蔬是：鳄梨、甜玉米、菠萝、卷心菜、甜豌豆、洋葱、芦笋、芒果、木瓜、猕猴桃、茄子、甜瓜、葡萄柚、哈密瓜、花椰菜。

无论食品在哪个清单上，消费者在食用之前都应该彻底清洗所有的农产品（特别是绿叶蔬菜和任何有蜡涂层的食品）。美国环境工作组也经常更新其网站，以提供水果和蔬菜中农药残留量的最新信息。

对于水果和蔬菜,区别"本地"和"时令"农产品很重要吗?

答案是肯定的。如果你找不到有机农产品,下一个最好的选择就是购买当地种植的农产品。一般来说,本地水果和蔬菜是由当地小农场种植的,不像在遥远的地方种植的农产品那样使用大量的化学品。这在一定程度上是因为当地种植的农产

无论水果和蔬菜上含有多少农药,认真清洗都很重要
Photo by Manki Kim on Unsplash

品不需要在未成熟的情况下采摘,然后用化学品催熟,再使用防腐剂进行长时间的跨国(或国际)运输。

在你所在的地方购买时令农产品是另一种确保得到新鲜的本地农产品的方式。这背后的原因很简单:时令的水果和蔬菜很充足,而且在收获季节就近就能找到它们,而食物的经济效益则更倾向于近处的商品,而不是远处的商品。在互联网上搜索"当季农产品"是一种很有价值的指导方式,因为你可以搜索到农药残留量最少的食物。

另一个小贴士是可以通过农贸市场,或通过销售农产品的渠道认识当地农民来购买农产品。了解哪些农民正在使用有机技术,并努力减少或消除农药的使用。选择这些农户而不是那些更多使用杀虫剂的农户。

最后,行使你作为消费者的权力会对你所在地区商店里的食品供应产生深远的影响。对你、你的邻居、你的朋友来说,最简单直接的影响方式就是直接与食品店老板沟通。一些食品店现在会比以前更清楚地标明他们的产品。在农产品货架上寻找商品的标识,它们能告诉你水果和蔬菜是否是本地生产。为了响应消费者的需求,一些商店给出了农产品所在的州或国家的名称,另一些则在果蔬区中分开陈列已被认证的有机农产品。

什么是食品添加剂? 它们对健康有影响吗?

食品添加剂是一个笼统的术语,指的是添加到天然的或加工过的食品中的稳定剂、防腐剂、乳化剂、人工色素和调味料等,以延长食品的保质期。它们可以使未成熟的西红柿变红,或者使绞碎的牛肉看起来更新鲜,或者是可以改良味道而不增加热量的甜味剂。

令人遗憾的是,关于这些产品安全性的证据很少,由于缺乏安全测试,这些化学品被美国食品药品管理局认为是足够安全的,可以继续使用。但这并不代表以后不会有意料之外的事发生。众所周知,食品厂可能会在产品被投放市场很久后发现其不安全而将其召回,许多化学添加剂可能需要数年甚至数十年才能显现出危害。参考"宁可事先谨慎有余,不要事后追悔莫及"(也被称为"谨慎回避")的理论,尽可能吃天然的食物是保持健康生活方式的最佳实践方法。这意味着尽量减少接触那些被认为与健康威胁有关的东西,尽管目前对这些威胁的研究可能尚未完善或还需要几年时间才能完成。用你的常识来决定你愿意做多少努力来避免可能对成人和儿童健康有害的物品和生活方式。

即使是某种特定的食品添加剂，在还没有弄清楚是否有不良健康影响的情况下，只要有可能，尽量限制儿童接触仍然是一个好主意。不含防腐剂、添加剂和未经加工的新鲜食品总是比加工过的食品好。

什么是转基因食品？

转基因食品很复杂，但这里有一个针对相关争议的简短总结。转基因工程涉及在作物中重新配置基因或添加在实验室中创造的新基因。

植物的科学改良不是什么新鲜事。从一开始，大自然就通过自然进化来改变植物和动物，这意味着最能适应环境变化的植物和动物能够生存下来，并将基因传给后代，而那些适应不了的则无法存活。农民也世世代代地在帮助大自然改良作物，他们保存了最好的番茄和苹果的种子，以备来年的收成。这是一种遗传选择——最适应环境的植物会存活。

种子公司也对这种基因强化做出了贡献。现今的种子目录反映了最好的传统基因选择,有更大花朵的花,成熟更早的西红柿,以及老物种中出现的新品种。遗传选择一直在发展,开始是自然的,后来是在花农和其他农民的帮助下达到自然的最佳状态。

但这里有一个问题,今天的基因修补并不是由农民进行的。它是由化学品(例如杀虫剂)制造商和植物遗传学家推动的。化学品制造商的目标不是生产出更美味的苹果、更多汁的西红柿或更有营养的玉米,而是改良玉米和大豆等粮食作物,使它们能够抵抗同类公司生产的除草剂。然后,当需要对大面积种植的玉米或大豆进行除草时,农业企业就可以用化学公司的除草剂产品喷洒到具有抗药性的作物上,以杀死杂草,而不用进行烦琐的机械除草任务。杂草死了,作物存活了,农药公司赚钱了。乍一看,这似乎是一种有效的大面积除草方法。但是,再细想一下,那些农作物是我们的食物,它们会进入我们和我们的孩子吃的谷类食品、零食和加工产品中。农作物在生长过程中难道不会吸收喷洒在它们身上的农药吗,尤其是在使用了更多更强的农药的情况下?所有的杀虫剂和除草剂都有可能对人类,特别是对儿童,具有潜在毒性。

当"适者生存"原则开始出现时,会发生什么呢？难道一些杂草不会产生抗药性抵抗除草剂的作用吗？这是否意味着农民必须喷洒更多更强的除草剂才能达到目的呢？

尽管化学品制造商承诺,杂草不会对草甘膦(美国最广泛用于转基因食品作物的除草剂)产生抗药性,但抗药杂草现在已经泛滥成灾。据报道,对草甘膦有抗药性的杂草覆盖了美国几十个州超过 1 亿英亩①的土地。据世界卫生组织称,草甘膦除草剂是一种可能的人类致癌物。为了防止抗除草剂杂草的蔓延,越来越多可能致癌的除草剂正在被使用。在过去的 25 年里,美国草甘膦的使用量增加了 25 倍。

为了解决草甘膦抗药性杂草的问题,现在化学品制造商设计的转基因种子不仅能够抵抗草甘膦,同时还能抵抗另外两种较老的除草剂:2,4-二氯苯氧乙酸(已经恶名远扬的橙剂的一种成分,在越南战争期间使用的落叶剂)和麦草畏(一种对鸟类和其他生物有剧烈毒性的除草剂)。这些剧毒化学品现在开始被添加到喷洒在玉米、大豆和其他商业作物上的化学物质中。美国民众可以预见,这些有毒化学物质将会转移到生产的食品

---

① 1 英亩≈0.4 公顷。——译者注

中，而农药配方中可能还会添加其他化学物质。

化学品制造商长期以来一直将转基因食品的目标描述为提供更有营养的作物，使其能够养活世界上更多的人口。但《纽约时报》2016 年的一篇题为《不确定的收获》(*Uncertain Harvest*)的报道对这一说法提出了质疑，报道称转基因食品作物实际上未能提高粮食产量或促使作物丰收，同时转基因作物也未能减少农药的使用。

总之，并不是说转基因食品本身是不健康的。问题是生产它们的公司不断增加农药的附加毒性，使得农民和种植者都必须使用这些农药，因为他们使用的种子是经过基因改造以适应这些农药的。随着转基因产业的不断发展，世界粮食供应越来越依赖于转基因种子，这反过来又增加了对化肥和杀虫剂的依赖。正如我们所讨论的那样，这些化学物质对人类是有害的。

该不该购买转基因食品呢？

谷物和大豆制品在美国人的食品消费中所占的份额越来越大。美国 90％以上的谷物和大豆作物都是使用转基因种子种植的。这些作物大量使用农药，其中一些农药可能是人类致癌物。因此,更健康的选择是食用经认证的非转基因食品。这就又多了一个选择有机食品的原因。

什么是加工食品? 它们是否含有有毒化学物质?

"加工食品"的定义各不相同,但一般来说,加工食品是指在出售给消费者之前,用盒子、罐子或袋子包装的食品。换句话说,加工食品是新鲜食品的反义词。食品加工过程中可能会引入一些不健康的成分,在某些情况下,还会引入有毒的成分。以下是一些需要注意的加工食品。

热狗、培根、冷切肉和其他加工肉类 这些产品大部分是用硝酸盐熏制的,在烹饪过程中,硝酸盐可以转化为致癌的亚硝酸盐和亚硝胺。高温烹饪热狗或培根很可能会将其所含的硝酸盐转化为亚硝酸盐和亚硝胺,因此这类食品曾在儿童避免食用的食物清单上高居榜首。在烧焦的培根中发现的亚硝胺含量最高。

由于李斯特菌(Listeria)的污染,热狗和压碎的肉类在过去几年里多次被召回。李斯特菌是一种细菌,可导致孕妇流产,并可导致老年人、婴儿和免疫缺陷患者罹患严重疾病。更安全的热狗、培根、冷切肉和其他加工肉类是确实存在的,就是那些没有用硝酸盐熏制的产品。

加工过的谷物　虽然向谷物中添加营养物质可以帮助确保儿童摄入一些重要的维生素和矿物质,但大多数加工过的谷物含有过量的糖分,而且大多数都是用转基因谷物制成的,这意味着它们被施加了大量农药。

加工烘焙的食品　除了这些食物中含有过量的饱和脂肪

食用用硝酸盐熏制的加工肉类是不安全的
Photo by Yuheng Chen on Unsplash

和糖类外,上述关于转基因食品的警示和注意事项也适用于它们。

什么是巴氏消毒法? 它与食品中的有毒化学物质有什么关系?

巴氏消毒是指在出售给消费者之前,将牛奶或苹果酒等液体加热到足以杀死产品中的细菌的过程。牛奶的巴氏消毒作用是消除生牛奶中的结核病菌和其他细菌。在 20 世纪,巴氏消毒法大大减少了儿童肺结核病例。今天,它将继续帮助我们保护我们的牛奶供应。

近年来,许多手工奶酪都是由生牛奶制成的。没有巴氏消毒过程,就无法保证这些奶酪是安全的,无法保证这些奶酪中没有结核病菌或其他危险的致病细菌,如沙门氏菌、弯曲杆菌甚至更多的外来细菌。在未经巴氏消毒的牛奶和奶酪中仍然存在着潜在的致病细菌,它们会感染儿童和成人。

巴氏消毒法在消除有害细菌方面也很有效,例如苹果酒中的大肠杆菌 O157:H7。为什么是苹果酒?农民们经常用收获时掉落在地上的苹果来制作苹果酒。如果农场里也有牛,它们的粪便中可能含有大肠杆菌 O157：H7,并且污染了苹果树周围的泥土。在制作苹果酒的过程中压碎苹果时,大肠杆菌 O157：H7 可能会污染苹果酒。如果苹果酒没有经过巴氏消毒,就会将细菌传染给饮用该苹果酒的儿童或成人。

有机和非有机乳制品有什么区别?

所有类型的牛奶和酸奶产品都可提供儿童骨骼发育所需

经过巴氏消毒法处理的奶酪更加安全
Photo by Alice Donovan Rouse on Unsplash

的钙。有机牛奶减少了儿童接触抗生素和激素的机会,这些抗生素和激素被广泛用于非有机饲养的奶牛,并被大量添加进非有机饲养的奶牛的饲料中。抗生素是用来预防牲畜感染的,但它们与人类和动物中抗生素耐药菌株的增殖有关。

如何辨别哪些鱼可以安全食用?

鱼类含有重要的营养成分,尤其是可预防心脏病的 ω-3 脂肪酸,以及许多有益于心脏和大脑健康的优质脂肪。但是鱼也可能含有一些危险的化学污染物,这取决于鱼来自哪里。如果你所食用的鱼生活在一条被工厂排放物污染的河流中,那么它可能已经吸收了一些污染物,尤其是多氯联苯和汞。以下是对这两种常见污染物的概述:

多氯联苯 食用鱼类最大的担忧集中在多氯联苯上,由于工业污染,多氯联苯已经在一些鱼类中被发现。多氯联苯是一种制造业化学品,在 20 世纪 70 年代被禁用之前,它被广泛用于发电机和变压器的制造,现在仍然残留于环境中。它通过工业排放或者意外泄漏进入环境中。多氯联苯因不易分解而被广泛应用于工业领域,然而,同样的特性也解释了为什么多氯联苯会出现在从未使用或泄漏过多氯联苯的地方。原始河流和北极偏远地区都含有多氯联苯和二噁英的痕迹，二噁英是燃烧多氯联苯产生的有毒化学污染物。多氯联苯通过工业污染或泄漏污染了美国的一些水体，包括五大湖和哈得孙河。当河流湖泊里的小鱼食用了被多氯联苯污染的动植物，较大的鱼、蟹和龙虾又吃掉了受污染的小鱼时，多氯联苯就成为较大鱼类身体的一部分，这被称为多氯联苯的生物累积。与较小的鱼相比，大鱼和贝类动物受到的污染更严重，因为它们捕食了大量含多氯联苯的小鱼，致使大量的多氯联苯蓄积在体内。最终，渔夫捕获了这些大鱼和贝类动物，这些大鱼和贝类动物体内的多氯联苯就进入了食用它们的人的体内。

食用被多氯联苯污染的鱼对育龄妇女来说是不安全的，因为多氯联苯可以通过胎盘屏障，从孕妇转移到胎儿，它们与儿童智力损伤和行为问题有关。针对一些智力障碍儿童的研究证实了这些问题，他们的母亲曾在孕期食用了五大湖里被多氯联苯污染的鱼类。

汞是另一种污染物，以与多氯联苯相同的方式在食物链中进行生物累积。汞正成为湖泊和溪流中常见的污染物。

以下是一些很好的建议，可以帮助你减少鱼类中污染物的暴露：

如果你自己捕鱼，要了解鱼生活水域的水质如何，食用频率不要超过该地区的推荐频率。请联系你所在的州或地方卫生部门或环境保护部门，了解受污染的渔区名单和关于哪些鱼类可以安全食用的指导建议。

如果你直接购买，就要了解鱼的产地。野生的鱼通常比养殖的鱼更安全，因为养殖的鱼可能被饲喂了受污染的小鱼。对螃蟹、龙虾以及其他贝类和鳗鱼同样也要注意，因为它们可能含有高浓度的汞、多氯联苯和其他来自污染水体的污染物。要知道它们是从哪里来的，吃多少才是安全的。

与大鱼相比，幼小的鱼含有的污染物较少。应避免吃鱼皮和脂肪层，因为多氯联苯会在这些地方累积。

孕妇和有小孩的妇女可以了解美国农业部的清单，帮助自己选择汞污染程度较低的鱼类，还可以寻找当地关于湖泊、河流和沿海地区捕鱼的安全建议。

碎牛肉含有大肠杆菌吗？

中间仍然是红色甚至粉色的牛肉汉堡可能携带一种致命的细菌，大肠杆菌 O157：H7，它属于产志贺氏毒素大肠埃希氏菌，在美国和其他地方的畜牧业中越来越常见。大肠杆菌 O157：H7 和其他的产志贺氏毒素大肠埃希氏菌菌株比普通大肠杆菌毒性更强，它们在人类和动物的消化道中都可以被发

知道鱼从哪里来，以及吃多少合适，对于食客来说很重要
Photo by Robert Bogdan on Pexels

现,并会造成严重的胃肠道不适和腹泻。儿童特别容易感染大肠杆菌O157：H7,在经历阵发性带血腹泻后,可发展成威胁生命的溶血性尿毒症综合征。近年来,更多的产志贺氏毒素大肠埃希氏菌和非产志贺氏毒素大肠埃希氏菌菌株不断出现。最近发表在《新发传染病》(*Emerging Infectious Diseases*)杂志上的一项研究表明,在牛饲料中常规使用抗生素是导致这些毒性更强的细菌在牛体内繁殖的原因。

为什么用于汉堡的肉制品比烤肉之类的肉制品问题更大?如果我们观察消化系统中携带大肠杆菌O157：H7的牛被运送到屠宰场时发生了什么,就很容易理解了。当牛的排泄物接触到肉类时,这些细菌可能会污染屠宰场或肉类加工厂的肉类。对于那些在加工过程中完好无损的肉,比如牛排,细菌一般会留在肉的外面。当你烤肉时,细菌会被高温杀灭。烤牛排时,细菌也同样会被杀灭。所以,即使你吃的牛排是半熟的——中间明显是粉色或红色的——大肠杆菌O157：H7也可能不会构成重大威胁,因为污染的细菌通常存在于肉的表面,并在烹饪过程中被杀灭了。

但是做牛肉汉堡的时候,表面含有细菌的肉会被磨碎。肉表面的细菌完全混合到肉的里面。如果你只把肉煮到三分熟,里面的细菌就不会被杀死,并会感染吃汉堡的人。

大肠杆菌 O157：H7 可导致儿童患上严重疾病甚至致死,因此烹饪汉堡时,通过加热,使汉堡内部温度达到 160 ℃ 是很重要的。

对于儿童来说，花生有毒吗？

花生过敏问题影响 1.0 ％ 至 1.5 ％ 的美国人口。目前还

做汉堡的时候，必须将肉煮至全熟，才能杀灭混入肉里面的细菌
Photo by Valeria Boltneva on Pexels

不清楚为什么一些儿童会产生这种威胁生命的过敏反应,但是目前的研究表明,在幼儿时期就接触过花生酱的婴儿,与那些在长大后才接触花生的婴儿相比,更不容易对花生过敏。所以,在将花生引入你的孩子的饮食之前,你应该和你的孩子的儿科医生仔细讨论一下这个问题。

美国儿科学会就将花生引入婴儿饮食向父母和儿科医生提出以下建议:

所有的婴儿在被提供含有花生的食物之前,都应该先接触其他固体食物,以确保他们在机体发育上已经奠定了一定的基础。

高危婴儿(如有严重的湿疹和/或鸡蛋过敏的婴儿),只有在父母咨询了婴儿的儿科医生,确定第一次品尝应该是在医生的办公室里进行还是在家里密切观察下进行之后,才应该在婴儿4至6个月大时向其提供含花生的食品。在食用前建议先进行过敏测试。

中度风险的婴儿(如患有轻度到中度湿疹的婴儿)应该在6个月大时再开始吃花生类食物,第一次的品尝可以在家里进行。

大多数婴儿都是低风险的,父母可以在婴儿 6 个月左右为其添加辅食时适当添加花生类食品,可以和其他固体食品一起添加。

培养对花生的耐受性需要把花生类食物作为日常饮食的一部分,大约一周 3 次。所有父母都应该在儿童例行的儿科检查期间,与儿科医生讨论这些新的指导建议,根据医生的建议正确地将花生添加进儿童的饮食中。

为了使社区中那些对花生过敏的儿童受益,许多学校制定了关于将花生制品带入学校的相关规定。一些教室被确定为"无坚果"教室,而有的学校则不允许携带含有花生的食物进入学校内。

对花生的最后一个担忧是黄曲霉毒素,一种可以在发霉花生上产生的致癌毒素。由于人们在花生生长季节中大量使用杀菌剂,这降低了黄曲霉毒素的产生,所以商业加工的花生酱通常是相当安全的。这既是好消息也是坏消息——黄曲霉毒素减少了,但农药残留增加了。有机农场不使用杀虫剂,因此可能有更多的黄曲霉毒素存在。为了安全起见,应该选择经过黄曲霉毒素检测认证的有机花生酱,一些专门从事有机食品供应的大型食品链可以提供这种食品,而对那些允许你自己制作花生酱的小商店则要小心一点。如果制作花生酱的设备被之前的一批含有霉菌的花生污染,那么你制作的花生酱可能也会被黄曲霉毒素污染。

应该采取什么预防措施来防止有毒化学物质进入家庭花园?

无论是种植到阳台上的一些番茄植物还是更大型的绿植,你都应该尽快尽可能地做到以下几点。

在户外种植之前,了解你所计划种植的土地的历史。如果你的邻居比你住在这个地区的时间更长,则可以问问他们在房子建起来之前土地上有什么。或者咨询当地政府或卫生部门,确保你的土地没有被污染的历史。如果你的土地以前是用于工业设施、高尔夫球场或非有机果园,或者是加油站,那么地下储油罐可能泄漏了汽油,你的房子周围的土壤很可能含有有毒物质。

不要选择房屋建筑的边缘位置作为花园。如果你的房子坐落在一个较老的社区,那么它的外围可能含有废弃化学品。

过去在正规的家庭化学品丢弃点出现之前,在房屋边缘倾倒废弃的化学品(如过期的除草剂、汽车机油和旧油漆等)是一种常见的做法。此外,如果你的花园非常接近邻居家的花园,你的邻居使用的任何化学品最终都可能会进入你的花园。

你的花园应该选择在一个远离闹市和高速公路的地方,不然道路上的除冰盐或其他化学品可能通过径流污染你的花园。同样也不要选择在有油漆脱落的建筑物附近,那些地区可能已被含铅油漆污染。

开始堆肥。堆肥是一种将草坪和蔬菜废物转化为肥料的方法,这有助于你的花园中的植物生长。你可以购买一个室外垃圾桶大小的堆肥箱(可从园艺用品商店或网上购买),也可以考虑做一个二级堆肥箱,利用堆肥箱堆放草屑、果蔬皮和落叶。制作好的堆肥有上百种方法,有的很简单,有的则需要更多的时间。

打造有机花园。进行有机种植时,不要使用任何合成除草剂、化肥或杀虫剂。当然,这可能会让花园遭受害虫或杂草的侵害,但事实也并非如此。是会有一些杂草和虫子的,但是可以用一些简单的方法来管理它们。如果你坚持用优质的、富有养分的堆肥来提高花园的土壤质量,使其成为一个富饶健康的花园,那么它就会生产出大量的健康食品。

选择一种毒性最小的材料来装饰花园。在过去,许多园丁用通过压力防腐处理过的木材来制作他们的花坛。这种木材的优点是它能更好地耐受气候变化和抵御昆虫。但也有一个很大的缺点,即处理木材的过程中可能使用了有毒化学物质,如砷、铜铬砷等。研究表明,这些化学物质可以从木材中释放并进入果蔬生长的土壤中。这些化学物质总有机会污染你的

健康的树叶可以做成堆肥
Photo by O0mix0O_IRL on Unsplash

蔬菜。新的压力处理过的木材也会使用化学物质。如果你想给花园搭建框架,可以使用能够耐受气候变化的木材,比如雪松,而不是使用压力处理过的木材,或者可以有创意地用砖或石头来给花园镶边。

用健康的草屑、树叶、蔬菜和果皮来做堆肥。这里的重点是"健康"——不使用杀虫剂,你修剪下的草屑就是很安全健康的。因为没有在树上喷洒农药,树叶就可以成为堆肥的健康添加物。有机蔬菜和果皮也是很好的堆肥。在你真正地意识到这样做的好处的时候,应该是在第二年,堆肥将让你的花园的土壤得到很好的改善。这样做堆肥只需要记住几点——不要在堆肥中添加任何动物产品、油或者油脂;如果草坪使用了杀虫剂、除草剂或其他"促进生长"的化学物质,那么就不要将草屑添加到堆肥中;不要将狗粪或猫砂放在你的堆肥堆上,因为狗和猫的粪便中可能含有寄生虫。然后,在下一个种植季节,将堆肥堆底部健康肥沃的黑色土壤添加到你的花园中,添加 1到 2 英寸①厚,则定会丰收在望!

---

① 1 英寸≈2.54 厘米。——译者注

10 家庭环境中的有毒化学品和其他危险因素

每年，美国各地的中毒控制中心会接到数千名焦急的父母打来的电话，因为他们的孩子不小心摄入了有毒的化学品，或某些处方药，甚至是有毒的植物等而寻求帮助。根据美国疾病预防控制中心的数据，全美每天约有 300 名儿童因意外中毒而在医院急诊室接受治疗，其中会有约 2 名儿童因治疗无效而死亡。

这些儿童中毒是由各种各样的药物和家用化学品引起的，其中许多已知的导致中毒的药物存在于大多数家庭中。在这种存在危险的环境中，我们要在家庭毒素与儿童之间建立隔断措施，并意识到其他潜在的危险因素。

防止儿童在家中接触或摄入有毒化学品的最有效方法是什么？

简而言之，将这些化学品锁起来。仅仅把它们"放在高处"是不够的，你的孩子仍有可能会拿到它们。当然，锁也需要与你的孩子的年龄相适应，例如适用于 2 岁儿童的锁并不适用于 6 岁的儿童。当然，这把锁除了需要足够的安全性来保护儿童外，它们也应该容易被打开，方便你使用它们。

妥善处置以下所有物品：

(1) 处方药和非处方药；

(2) 家用电池,尤其是较新型的纽扣型电池,一旦摄入会导致严重的胃肠灼伤；

(3) 水槽下的储物柜；

(4) 衣物洗涤剂和相关用品；

(5) 烤箱和排水管清洁剂,这些都属于你家中最具毒性的材料,最好的建议是完全避免使用它们(有关更安全的替代品,

应让儿童远离烤箱和排水管清洁剂
Photo by JESHOOTS.COM on Unsplash

请参阅第 6 章）；

（6）地下室储物区 /柜；

（7）车库存储区 /柜；

（8）酒柜；

（9）防身器械、运动物品或防护物品。

以上列出的每种物品都可以进一步讨论其危害和潜在危险因素。有关更多详细信息，可以访问美国环境工作组网站或美国疾病预防控制中心网站，了解大多数家用产品对接触或摄取它们的儿童如何造成重大威胁。

搬家当天是化学中毒事件的高发期。在搬家时可能会发生包括化学品摄入等大量安全事故。化学品可能会发生泄漏，出现在本不该出现的地方，而搬家时父母的注意力不能完全集中在儿童身上，这可能会导致意外的发生。在搬家时，可以通过将化学品锁在远离儿童视线和接触范围以外的地方来避免发生意外。如果没有封闭性的储物设施，那么汽车后备厢可以作为移动过程中的短时存储箱。我们建议最好在搬家前几天将有毒化学品和潜在危险品放在安全的地方，以防发生意外。

如果儿童摄入或接触了有毒化学品，应当如何处理？

如果家中有儿童，我们需要做好两件事来防患于未然。

第一，找到当地中毒控制中心的电话号码并将其存储在手机中或粘贴在冰箱门上。

第二，去药房购买一瓶吐根酊，吐根酊有催吐功效，但需要把吐根酊放在安全的地方（最好是有锁的地方，如前一节所述）。吐根酊通常是处理儿童中毒的首选方法，但对于有些中毒类型，我们不能采取催吐的方法。如果儿童摄入的物质是腐蚀性物质（如排水管清洁剂或碱液）或油性物质或碳氢化合物（如油漆稀释剂、家具抛光液、汽油、煤油或其他溶剂），请勿对儿童催吐。

在呼叫中毒控制中心时，请将导致中毒的瓶子或容器放在手中，准备将产品名称和编号告知中毒控制中心或救援队的工作人员。你可能会被告知给孩子服用吐根酊，但在中毒控制中心确定可以给药之前，请不要自行给药。

如果你被要求前往最近的医院，请随身携带导致中毒的产品的瓶子或容器。急诊医师告诉我们，当父母知道他们的孩子吃了有毒的东西而来到急诊室时，只有 60％ 的父母确切地知道他们的孩子吃了什么。虽然医生可以进行毒素检查（一项用于确定儿童摄入了什么物品的测试），但这一测试往往耗时较长，而且也只能检测出少量毒物。当结果出来时，儿童已经失去了抢救的最佳时间，而在这段时间里如果事先知道毒物是什么，医生本可以对儿童进行特定的治疗的。

如何安全地处理废弃的化学品？

联系当地政府或垃圾收集服务机构，了解应该如何处理这些材料。一些社区已经设立了家庭化学品清理日。如果你所在地区也已经建立了有毒有害化学品回收或丢弃机制，请好好利用这一机制。

多年来，家庭后院的一些角落一直是废弃汽车润滑油、残留防冻剂和剩余的松节油、汽油或除草剂的便利处置场所。街道上的排水沟则充当了一个倾倒清洗汽车、车道或房屋的洗涤剂的地方。

乍一看，这些似乎都是小事。但是，这些未经过正确处理的大量化学品加剧了土壤和河道的污染。石油、汽油和防冻剂等产品含有有毒物质，如果被随意丢弃在院子或雨水渠中，其中的有毒物质可能会进入泉水、溪流、湖泊和地下水，最终进入我们的饮用水中。当儿童在受污染的泥土中玩耍或在当地海滩游泳时，他们可能会接触到这些有毒物质。

　　你的后院、车库、阁楼和地下室都不能作为丢弃不需要的化学品的场所。它们不应该和普通的垃圾一起被扔进垃圾箱，否则它们将会被填埋或在市政焚烧炉中燃烧，然后以污染空

不可以将未经处理的汽车清洗剂倒入雨水渠
Photo by Denis Lesak on Unsplash

气、水或土壤的形式再回到我们身边,对个人和公众健康造成损害。它们也可能对垃圾收集者造成危害。

所有的婴儿用品都安全无毒吗?

答案是否定的。理论上婴儿产品应该都是安全的,但实际上有些并不是,例如,某些含有邻苯二甲酸酯或双酚 A 的产品。根据我们现在对邻苯二甲酸酯和双酚 A 毒性的了解,即使它们在产品中的含量很低,父母也应该在为婴儿选择产品时注意避开这些成分(和其他内分泌干扰物)。以下是一些对你有帮助的建议。

婴儿肥皂 对婴儿来说,最好的肥皂就是不使用肥皂,只使用温水和毛巾。这应该是擦拭婴儿轻度流口水所需的所有东西。如果你的宝宝在喝牛奶或配方奶时有长期地轻度吐奶情况的话,请使用温和的肥皂,如无味的橄榄油肥皂,为之进行清理。一旦婴儿开始在地板上爬行,可以使用同样的无味橄榄油肥皂或无味、无添加剂的其他"婴儿肥皂"为之清理。避免选择含有会产生气泡的香料或添加剂的产品,那些香料即使是"天然的",也会造成婴儿皮肤过敏。大多数人造香料都含有邻苯二甲酸酯,这是需要避开的成分之一。尤其是对女婴来说,那些可以产生泡沫的肥皂刺激性较大,可能导致尿路感染。

婴儿洗发水 使用不含香料的婴儿洗发水,成人洗发水对婴儿来说刺激性太强。

洗涤剂 选用的婴儿的洗涤剂应尽可能温和:不含香味,不含添加剂,不含色素增强剂,不含漂白剂。使用专为婴儿设计的洗涤剂。将婴儿的衣服与家里的其他衣服分开洗涤,这可作为对婴儿的额外保护措施。你的孩子的儿科医生也会就此类问题提供建议。

尿布疹药膏 避免使用含有大量成分的软膏。成分越多,婴儿就越有可能对其过敏。为了预防和治疗尿布疹,可以选择以氧化锌成分为主的药膏。对婴儿来说,凡士林也是一个不错的选择。

湿巾 用柔软的棉布蘸上温水给婴儿清洗皮肤比用普通湿巾好,可以保护婴儿的皮肤免受酒精和其他成分的刺激。建议配置一茶匙的小苏打和温水的混合溶液,用以快速清洗皮肤。每隔几天要重新配置新的溶液。

婴儿爽身粉安全吗？

并不安全。婴儿爽身粉应该远离婴儿的房间。当婴儿吸入粉末时,粉末会导致一些相当严重的健康问题,包括肺炎和其他肺部病症。许多粉末都含有滑石颗粒,而滑石粉是爽身粉中的一种成分,它是危险矿物——石棉的近亲。

我们应该把所有的粉末,包括玉米淀粉等放在远离婴儿房间的地方,避免发生意外吸入的情况。因为如果婴儿吸入会导致窒息。此外,滑石粉对女性也不安全。最近的研究表明,在女性卫生用品中使用滑石粉可能与卵巢癌的发生有关。女性应避免使用含有滑石粉的卫生喷雾剂、粉剂或卫生棉。

使用抗菌清洁剂有危害吗？

有危害。从表面上看,抗菌清洁剂似乎是一种对人体有益无害的东西。它能去除细菌,能有什么危害呢?

但是我们可以思考一下被杀死的到底是哪些细菌:实际上,它杀死了一些有害的细菌,也杀死了我们生存所需的有益微生物。我们需要注意"一些"这个词与那些有害细菌相关,因为抗菌清洁剂不会杀死生存力强大的细菌。生存能力较强的细菌已经学会了如何避开抗菌清洁剂,因此,抗菌清洁剂只能消灭微生物世界中生存能力较弱的有益细菌和一些有害细菌,进而使那些生存能力较强的有害细菌更加自由地繁殖,从而变得更强大。

我们的肠道和消化系统,其正常功能的维持依赖于会被抗菌产品杀死的有益微生物。长期使用抗生素通常会造成腹泻或者酵母菌感染。正是同样的原理,通过服用益生菌或某些酸奶,你的肠道会重新获得有益微生物。总之,这种对消化系统的破坏并不是一件好事。

那么使用抗菌清洁剂后会产生什么效果呢?如果有致病细菌的存在,而且它们强大到能抵抗抗菌清洁剂,那么你就使得毒性更强的细菌扩散到了你刚刚清洁过的区域。那么你和你的家人将会接触到更多的毒性更强的细菌,而不是更少的细菌。

哪种避蚊剂是安全的？

户外游戏时间让儿童成为蚊虫叮咬的对象。那么你怎样才能保护他们敏感的皮肤免受蚊虫叮咬呢？

首先，为了尽量减少暴露在阳光下的皮肤面积，你应该给孩子穿上轻便的长袖衬衫和长裤（如果天气允许的话）。袜子和鞋子有助于防止蚊虫叮咬儿童。使用无味的肥皂和洗发水也有助于避免吸引蚊虫。

除此之外，如果你的孩子需要在户外某些地区活动，并且这些地区已知有昆虫携带登革病毒、莱姆病毒、寨卡病毒或西尼罗病毒等病毒时，你需要考虑使用避蚊剂。但不应对 2 个月以下的婴儿使用避蚊剂，最好使用蚊帐盖住婴儿床或婴儿车以保护婴儿免受蚊虫叮咬。可考虑使用含有避蚊胺（DEET）或派卡瑞丁（又名 KBR 3023 或埃卡瑞丁）的避蚊剂。使用防蚊所需的最低浓度。阅读产品标签，并根据建议的浓度确定使用时间。

一些"天然的"无毒驱虫剂或润肤水已被宣传为能有效预

防蚊虫叮咬,因为其中含有的某些草药或植物油成分有此功效。尽管目前几乎没有科学证据表明这些产品有效,但仍有些人对此深信不疑。

手机辐射是否有害健康?

自手机问世以来,消费者和科学家对手机的电磁辐射是否对人体健康有害提出了疑问。目前,来自全球的多项研究尚无定论,但这些研究仍在继续,对此我们需要保持谨慎的态度。

随着手机的不断普及,越来越多的儿童开始使用手机,电磁辐射的暴露也随之增加。众所周知,将手机放在耳朵上会在大脑中产生可测量的脑部射频能量吸收,并且儿童吸收的射频能量是成人的2到10倍。欧洲一项名为"MOBI-KIDS"的大型研究多年来一直在收集相关数据,以确定手机的普及是否与脑癌患者的增加有关。由于这是迄今为止最大规模的相关研究,我们可以期待其进一步的研究结果。

同时,你可以鼓励孩子尽量少使用手机。大多数手机自带的免提扬声器可使手机与身体保持距离,所以如果你经常需要使用手机接听电话的话,可以考虑使用手机的这一功能。

什么是氡？ 应当检测家中的氡含量吗？

氡是一种化学元素，氡通常的单质形态是氡气，是由地球上天然铀的放射性衰变产生的一种看不见的气体。在美国的一些地区，含有铀的地下岩石会产生氡，这种氡通过土壤渗入家庭、学校和企业的地下室。在一些地区，家庭中氡的含量高到足以引起健康问题。在美国，氡每年导致约 10000 人死于肺癌。

由于氡是一种气体，它很容易从地下通过地基上的裂缝、家用管道周围的缝隙以及井水渗入建筑物的地下室。进入建筑物的氡气量由该地区的底层岩层以及房屋内地基裂缝和气压等因素决定。当氡存在于你所在区域的地下深处时，热风供暖系统或全屋顶排气扇的进气口可以将其吸入室内。任何导致地下室气压低于室外气压的情况都可能导致氡进入室内。

氡检测可以由专业人员进行，也可以使用商店购买的氡检测工具包进行，它可以让你知道你家里是否含有氡。

如果你决定自己进行检测，你将有两种选择：一种是基于炭黑的试剂盒,另一种是阿尔法检测器。基于炭黑的试剂盒是为短期检测而设计的,可以快速显示氡在几天或一周内累积的量。阿尔法检测器的设计是为了测量 12 个月左右氡的累积量。由于房子里的氡水平会随着时间的变化而变化,这种检测器通常比以炭黑为基础的检测器的结果更准确,但你必须等待较长的时间才能获得结果。

最重要的是,在美国,如果你家中氡浓度超过 4 pCi/L,你就需要有一个经过认证的氡减排专业人士来帮忙处理。你可以从当地卫生部门或环境保护部门的区域办事处获得经认证的氡减排人员名单。

氡减排专业人士可采取多种措施降低家中的氡含量。首先需要了解氡是如何进入家中的,工作人员会检查下水道、地下室墙壁的裂缝和供水系统(如果你家里有氡,而且家庭饮用水是从井里获得的,那么请务必接受检测)。一些短期的氡消除措施包括打开窗户,用窗式电风扇将室外空气吹入室内,以及保持室内空气流通。长期措施包括将空气泵入地下室和关闭氡进入通道。

如果你想把地下室改造成卧室、书房或游戏室,一定要先对它进行氡检测。如果你需要进行大规模装修,请向相关专业人士请教如何最大限度地减少房间内的氡水平。记住,装修会改变氡水平,所以在相关工程完成后请重新检测你的房子。

什么是石棉? 如何在家中检测石棉是否存在?

石棉是一种白色的矿物纤维,在 20 世纪 70 年代早期以前,由于其具有防火和绝缘性能而被广泛应用于房屋建筑中。老式的炉子和管道上裹着一层厚厚的、白色的、像绷带一样的石棉,以防止失火或热损失。石棉是一种强致癌物,几乎所有形式的石棉都能致癌。研究人员认为,石棉的致癌特性来源于其细小的纤维组成,它释放出的颗粒非常微小,以至于人类能够将它们吸入肺部。由于肺部无法清除这些颗粒,所以其会导致癌症的发生。肺癌和间皮瘤都是与石棉暴露相关的癌症。

石棉还广泛用于屋顶瓦片、地砖和汽车制动片中。在某些品牌的沙子中也发现了一种名为"透闪石"的石棉。(请检查沙子上的标签,确保它不含透闪石。如果没有标记"无透闪石成分",请不要购买。)

对可能存在石棉的房屋的评估应由已经获得美国环境保

护署认证或国家认证的承包商进行。承包商应该能够：

（1）出示他的相关许可证或培训证书；

（2）指出你家中需要隔离或移除石棉的区域；

（3）测试可疑材料；

（4）提供有关石棉会被送往经批准的堆填区或弃置区的文件；

（5）避免将石棉纤维扩散到封闭的安全区域之外；

（6）防止石棉进入你家的空气循环系统。

能否在家中某些区域放置玻璃纤维绝缘材料？

对于承包商或住它施工人员来说，在阁楼或地下室里堆放一些玻璃纤维绝缘材料是很常见的（玻璃纤维绝缘材料通常是粉色或白色的，带有棕色底纸）。虽然玻璃纤维看起来蓬松柔软，但应该避免接触，尤其是在没有工作手套和其他安全防护措施时更应注意。因为它是玻璃做的，会割伤、划伤或刺激皮肤和肺，所以请不要让儿童接触！

一些研究表明，玻璃纤维会引起慢性呼吸问题，因此请将玻璃纤维绝缘材料放置在阁楼或地下室的密封塑料袋中，以免其微小颗粒扩散到空气中。

同样值得注意的是,在封闭空间对石棉材料进行操作会出现一些问题。确保任何用玻璃纤维类材料做的修补工作都是在通风良好的区域完成的,最好是在室外,而不是在车库或某些封闭区域。如果需要用砂纸打磨,也应采取呼吸防护措施。

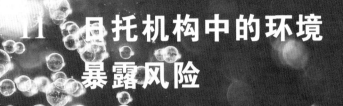

11 日托机构中的环境暴露风险

对于家长而言,给孩子找到一家各方面都不错的日托机构,无论是从经济上、逻辑上,还是情感上来说,都是一个极大的挑战。大多数家长在选择日托机构时,都会关注其环境是否卫生和设施是否安全。不管你是想把孩子留在家里由家庭成员照顾,还是想把孩子送到有营业执照的日托机构,在本章中,你都可以找到你关心的有关环境风险问题的答案(以及相关标准),以确保孩子不会受日托环境的危害。

对于家长来说,找到一家各方面都不错的日托机构是一件非常不容易的事
Photo by Nicole Honeywill on Unsplash

日托机构的设施是否符合消防安全规范?

法律规定,正规日托机构的设施需要符合消防安全规范,要求使用不可燃的建筑材料、设置紧急安全出口、安装烟雾报警器,并尽可能安装一氧化碳报警器。除此之外,还应对每个工作人员进行火灾应急培训。因此,应该让你的孩子待在符合消防安全规范的建筑物里。在火灾中,吸入燃烧的有毒物质产生的烟雾所造成的死亡,比火灾本身所造成的死亡更多。所以,只有在符合消防安全规范的日托机构里,你的孩子才会减少接触到火灾产生的危及生命的有毒物质的风险。

在美国不同的州,由不同机构,如州社会服务中心或教育部门,负责管理当地的日托机构。你可以向日托机构的管理者询问:

(1)上一次消防设施的检查时间;

(2)是否可以查看各个机构的检查结果;

(3)消防安全的认证是消防部门实地检查后颁发的,还是只提交了相关文件就获得了认证。

当然也要注意以下几点：

电线 注意电线是否存在磨损，是否有很多插头被接在了同一个电源插座上，是否整个房间都环绕着电线。过多的电线可能会使得电路负荷超载而引起火灾。

使用汽油或煤油的室内加热器 这些加热器是高度易燃品。在一个密闭的空间内，加热器产生的汽油或煤油蒸气积聚后可引起爆炸。当加热器倾倒，燃料溢出时，极可能会引发火灾或爆炸。鉴于使用汽油或煤油的室内加热器如此危险，日托机构应严禁使用此类加热器。

室内物品存放 要警惕室内是否有成堆的报纸、丙烷罐、汽油等易燃或易爆的物品（这些物品极其危险）。

有害烟雾 询问烟囱、炉子和热水器是否定期清洁，同时也要了解工作人员是否在室内吸烟，是否有被扔掉后仍在燃烧的烟蒂（记住，任何儿童都不应该暴露在烟草烟雾中）。

日托机构是否符合卫生规范？

咨询当地卫生部门如何确保日托机构符合卫生规范。如果想知道日托机构是否存在可能的环境危害,你可以检查其是否使用含铅油漆(室内或室外)和杀虫剂等。

除此之外,卫生设施也是我们需要关注的一个方面。不符合规范的卫生设施会将细菌传播给儿童。你需要确保所有的卫生间都能正常使用并且消毒系统没有任何问题。检查每个卫生间是否干净,是否有可以用来洗手的肥皂,当然也需要确保每个员工在使用卫生间后洗手。

日托机构是否存在铅暴露的问题?

铅中毒对儿童,尤其是 6 岁以下那些大脑和神经系统正在发育的儿童来说,是非常危险的。这就是为什么日托机构的设施不能使用含铅油漆的原因。

1978 年以前,美国等国家在建筑中广泛使用含铅油漆,可以确定地说,在 1978 年以前,美国等国家使用的绝大多数油漆都含有铅。你需要运用保障自己家庭安全那样的判断标准去确保日托机构不会成为孩子铅中毒的来源。此外,奶奶或外婆家的房子如果是在 1978 年前建造的,很可能使用了含铅油漆。你可能从小就住在这所房子里,而且没有出现任何问题,但正像你已经长大一样,经过较长的时间后,这些老房子的油漆可能已经发生碎裂、剥脱,而你的孩子很有可能会接触到它们。因此,如果你的孩子要去奶奶或外婆家住一段时间,你就要认真对待这个问题,要想办法确保铅不会对你的孩子造成伤害。

日托机构是否已经将所有药物都锁起来了?

很多时候,父母送孩子去日托机构时可能会带上孩子在日托机构时需要吃的药。日托机构的看护者很有可能把这些药放在他们的钱包或口袋里。我们需要确保所有药物都放在了孩子无法触及的地方。

日托机构使用的清洁产品是否是无毒的?

许多家用清洁剂中都含有儿童不宜接触的有毒成分。在使用这些清洁剂后,有毒物质很有可能会残留在桌面、地毯、地板和玩具上。当儿童在地板上爬行或把玩具放到嘴里时,他们可能会接触到这些有毒物质。正确使用清洁剂,能将儿童接触到有毒物质的可能性降低到最小。但是,意外吞食这些清洁产品可能会危及生命。

日托机构是否有严格的洗手规范？

儿童和其看护者正确洗手，可以避免儿童摄入铅尘或受污染的土壤里的有毒物质，减少传染病的传播。

日托机构的工作者在以下情况下需要洗手：

（1）使用清洁剂或含有化学品的产品后；

（2）准备食物前；

（3）换尿布后；

（4）擦鼻涕或清理带有传染性病菌的物品后；

（5）使用卫生间后。

日托机构的看护者应该要求儿童在户外玩耍后、上完厕所后、吃东西前以及与日托机构里的宠物玩耍后必须洗手。

日托机构使用的蜡笔中是否含有铅或石棉？

蜡笔中是否含有石棉是另一个值得关注的问题。2015

年，美国环境工作组在玩具和蜡笔中发现了石棉成分。石棉大多来自滑石粉，滑石粉常用作蜡笔生产过程中的黏合剂和散粉添加剂。由于石棉和滑石常常存在于同一种矿中，所以滑石中常含有石棉。

美国以及其他国家的消费品安全委员会可能不会专门测试蜡笔中是否含有石棉，家长可以在一些权威网站，如美国环境工作组的推广和教育项目，健康儿童健康世界（Healthy Child Healthy World）网站上获得关于产品研究和指导方针的

蜡笔中是否含有石棉是一个值得关注的问题
Photo by Sharon McCutcheon on Unsplash

进一步信息。

吸入石棉纤维是最危险的,石棉纤维进入肺后,会开始肺部瘢痕形成的循环,并最终导致石棉相关的疾病(如肺癌)。另外,肠道癌症发病率的增加也被怀疑与摄入石棉纤维有关。

如果你担心你的孩子可能使用了含有铅或石棉的蜡笔,你也不必惊慌。下次去看儿科医生的时候,询问医生你的孩子是否需要做血铅检测。这个筛查程序非常简单,只需要从你的孩子的指尖取几滴血即可,因此建议把血铅筛查作为那些可能接触过铅的儿童常规护理的一部分。就石棉而言,儿童仅仅因使用蜡笔而吸入石棉进而导致健康问题的可能性很小。事实上,目前还没有相关的血液检查或其他检查对检测儿童是否吸入了石棉有帮助。而且,对于可能接触过石棉的儿童来说,通过做胸部 X 线检查来筛查也是没有任何意义的。所以你能做的事情就是确保你的孩子使用的是无石棉的蜡笔。

尽管短时间接触含有石棉或铅的蜡笔对儿童健康造成的危害很小,但是家长仍需要尽量避免孩子使用这类蜡笔。对石棉而言,石棉所致患病的风险与生活方式有关,例如,吸烟者因接触石棉而患肺癌的可能性是未吸烟者的 50 倍。对铅而言,儿童铅中毒的危险性取决于他从不同来源摄取的铅的总量。因此,为了保护你的孩子,你需要尽可能消除导致铅暴露的所有来源。

日托机构的附近可以使用杀虫剂吗?

因为杀虫剂含有各种可能对儿童有害的有毒化学物质,所以儿童不应该接触。

要求日托机构及时留意机构附近是否在喷洒杀虫剂,这样可以避免儿童在隔壁喷洒杀虫剂的时候在户外玩耍。美国许多州或市已经通过制定喷洒杀虫剂的"邻居通知"法来处理这个问题。根据这类法律规定,如若需要喷洒杀虫剂,必须提前(一般是至少提前 24 小时)通知邻居其将对邻近地区喷洒杀虫剂。这就给家长和日托机构足够的时间去盖上室外玩具,或者把它们放入室内,关上门窗,让儿童待在室内。

游乐区是否含有有毒物质或经加压防腐处理过的木材?

你可能希望户外的游戏区域有秋千、滑梯、沙箱、攀爬架等。但是在玩耍区域附近，不该出现除草剂、杀虫剂、喷漆、松节油、割草机机油、汽油和清洁材料等有毒产品。这些有毒产品不可以在这些地方被使用，或者至少应该被锁在一个儿童无法接触的地方。

不要忽视使用高压防腐处理过的木材制成的老旧操场设备。在 2003 年之前，用于地板、野餐桌甚至儿童游乐设施的高压防腐处理过的木材都含有砷，但后来，由于人们发现砷会对健康造成危害，所以便将其淘汰了。为了使木材更耐用，人们

儿童玩耍区域可能存在有害的化学物质
Photo by Iker Urteaga on Unsplash

会用一种叫作铜铬砷的化学物质在加压条件下浸泡木材。那些经过加压处理的木材的外表通常是绿色且潮湿的。

2003 年，美国环境工作组对经过压力处理的木制地板和操场设备周围的土壤进行了采样，发现土壤中的砷含量很高。很明显，这些砷已经从木材中渗到了儿童玩耍场地的泥土里。美国环境工作组对木材释放砷的周期进行了研究，其结果不容乐观。因为数据表明，可能需要很多年，砷才能从高压防腐处理过的木材中释放完。

如果儿童所在的日托机构有使用经高压防腐处理过的木材制成的野餐桌、游乐设施或者地板，家长应该注意以下几点：

(1) 供儿童玩耍的小沙滩或游戏区周围不应该有旧的压力处理过的木材。

(2) 如果儿童在日托机构内的旧游乐设施处玩耍，日托机构的工作人员应监督儿童在玩耍后和吃东西前要仔细洗手。

(3) 在儿童吃零食或午餐的木制野餐桌上应使用桌罩，以防止食物直接接触木头。

12　学校里的环境暴露风险

上学对于家长和孩子来说都是一种全新的体验。新的学习环境可能会给孩子带来适应上的困扰,但这能帮助他们成长,勇于应对未来可能面临的更大挑战。学校也存在各种环境暴露风险,这会影响孩子的茁壮成长。这个章节详述了学校环境中最常见的环境暴露风险以及作为家长可有效参与的环境干预手段。

如何判断孩子所在学校过去是否存在铅和石棉污染问题?

为获取上述信息,最为有效的方式是询问家长教师联合会、校长以及学校看管人。

需要了解的问题如下:

(1) 校舍何时建成? 如校舍建于 1978 年之前,校舍内外涂料是否使用了含铅油漆?

(2) 针对 1978 年之前建成的校舍,近段时间校舍内外是否重新粉刷过? 如有,施工方是谁? 校舍外是否做了喷砂处理? 在完成喷砂工作之前,是否有人检查过学校是否使用了含铅油漆?

(3) 1978 年之前建成的校舍内部是否做过翻修? 在翻修

开始前是否由具有处理含铅油漆专业资质的机构进行过评估？校舍是否使用了含铅油漆？含铅油漆是否由专业机构妥善处理？

　　（4）学校的哪些部分是拆后重建的？在拆除之前是否对含铅油漆和石棉进行过评估？在拆除之前是否存在含铅油漆和石棉，是否依照相应标准对含铅油漆和石棉进行了移除？为避免拆除工作产生的粉尘污染，学校其他设施及场所是否采取了相应的保护措施？

判断学校是否存在铅和石棉污染问题很重要
Photo by Pixabay on Pexels

（5）是否检测过学校饮用水及直饮水的铅含量？

（6）学校最近有新建校舍吗？

（7）学校锅炉房及锅炉是如何工作的？在锅炉区域是否使用了石棉？

（8）是否安装了新锅炉？如果是，什么时候完成的？老锅炉是如何处理的？如果有石棉包裹的老旧锅炉系统或送暖系统，是如何处理的？是移除还是就地处理？学校某些地方是否依旧在使用石棉？具体在哪里？

（9）学校的所有天花板是否经过相关专业机构评估？天花板中是否含有石棉？针对天花板的更换和保养，有什么具体管理措施？

（10）运动场有用杀虫剂或用人工草皮替代吗？是否使用环保材料？

一旦找出了上述问题的答案，你对于学校环境中存在的有害物质暴露的风险问题和它们的严重性就会有更好的了解。这些信息将帮助你进行下一步的决策。

学校建筑物含铅会造成什么影响和后果？

如果你按照顺序阅读此书，至此你应该已经了解了铅中毒对儿童健康有多大威胁。剥落的含铅油漆会对 6 岁以下儿童产生严重的健康危害。如果学校设有托儿所、幼儿园或是日托班，那么这些区域更易受到含铅油漆的影响，应当重点关注。你应该检查教室是否使用了含铅油漆。如果使用了含铅油漆，

询问运动场是否用人工草皮替代也是很关键的
Photo by Aaron Burden on Unsplash

你应该通知当地或州健康部门，找出解决方案，保证儿童免受含铅油漆的毒害。另外，在喷砂处理学校或邻近建筑物外墙的含铅油漆时，或是利用丙烷枪处理内外装饰物上的含铅油漆时，如果工人缺少相关培训，这也会成为学校学生铅中毒的可能来源。因为在打磨去除含铅油漆的过程中，会产生大量的含铅粉尘并导致铅屑在学校内外堆积，而丙烷枪处理含铅油漆时会产生剧毒的含铅烟雾。

如果你发现学校或周边建筑正在通过打磨的方式清除含铅油漆，或是某项含铅油漆的清除工作是由未获资质的施工单位完成的，请联系当地健康部门。你可以要求学校检测粉尘样品，以确定其是否安全。你可以将相关事务反映至学校的家长教师联合会或是环境委员会。之后家长教师联合会或环境委员会将要求学校邀请具有相关资质的机构进行专业评估，确保学生免受上述施工活动的影响。如果学生已经受到含铅粉尘的影响，应做血铅检查，以确保学生的血铅浓度处于正常水平。

学校存在石棉问题意味着什么？

石棉是一个概括性术语，其包含六种自然形成的纤维矿物。纤细且富有韧性的优质石棉多产自加拿大、俄罗斯、巴西以及南非等国,具有耐热、抗酸、防火的特性。自 20 世纪 20 年代以来,数十亿吨石棉被应用于家庭、学校及公共场所,尤其是 20 世纪 50 年代至 60 年代的使用量最为突出。从 20 世纪 70 年代开始,由于石棉所带来的健康危害逐渐被认识,其使用量迅速减少。这些危害包含肺癌和恶性间皮瘤(又称为弥漫性恶性胸膜间皮瘤)。在病人吸入石棉纤维多年后,这些癌症才会慢慢显现。肺癌通常是在石棉暴露 10 至 30 年后,而恶性间皮瘤则是在 20 至 50 年后才开始显现出来。现今美国已经全面禁止使用石棉。

如果你怀疑学校存在石棉暴露的风险,可通过家长教师联合会要求学校组织专业机构进行现场勘察。调查员将会通过电子显微镜判断可疑物质是否是石棉。在此调查过程中,空气采样并无帮助。因为空气采样只能监测瞬时性的石棉暴露,例如石棉在暖风系统开启时会被吹入房间,或是当因泄漏、吹风或当地活动等原因而受到干扰时,石棉纤维会泄漏到室内环境中。

学校建筑物应当去除石棉吗？

尽管石棉自身以及不规范的石棉清除行动所产生的危害在 20 世纪 70 年代就已被人熟知,但是由石棉所引起的校园健康事件却是发生在 20 年后,即 20 世纪 90 年代早期,分别在纽约市和新泽西州。石棉纤维原本作为隔热层被置于天花板中,暑假过后,学生 9 月份回到学校后发现白色的石棉颗粒就像是白雪,布满了整个课桌。直到那时《石棉危害应急反应法案》(Asbestos Hazard Emergency Response Act,AHERA)才得以颁布,按照法案要求,学校应调查校园石棉使用情况,并移除相应的石棉。然而不幸的是,纽约市承接石棉移除工程的施工方并未获得相应资质,从而导致石棉污染扩散至整个城市。

家长们高度关切此事,对于应该采取什么样的措施也争论不休,学校的开学也被推迟了。针对此事件的公开讨论,即何时应移除、何时应原位封存等,也促使卫生及市政部门完善了石棉移除过程中的行动指南。这些指南切实可靠且全面,具体如下:

(1) 如果石棉已经明显脱落和破碎,则需立即由经过认证的专业人员进行石棉移除工作。这些工作需要在学生不在校时进行。

（2）如果石棉没有明显脱落和起皮的现象，最恰当的方式是原位保留，进行长期跟踪监测，设置石棉隔离屏障，有效隔离学生与石棉的接触。

儿童在学校发生石棉暴露怎么办？

如果你的孩子已经遭受石棉暴露的危害，也不要过于恐慌。首先他不需要立即进行各项医疗检查，因为石棉暴露所产生的危害往往是在暴露发生后的 20 至 50 年内才显现，尤其是不用做 X 光检查，因为 X 光检查对于检测石棉暴露而说意无用处，只会徒增孩子的 X 光辐射剂量。除了担忧之外，家长此时应当进行监管、教育，确保孩子将来不会成为烟民。因为研究发现，遭受石棉暴露并经常吸烟的人得癌症的概率会比遭受石棉暴露却没有吸烟习惯的人高出 50 倍。目前在美国，未成年人吸烟已经成为一个问题，所以不要等你的孩子到了青春期之后再去谈论吸烟问题。据美国国家统计数据显示，大量的成年吸烟者的吸烟史开始于他们的童年及青春期，很少有人是成年后才开始吸烟的。所以你可以在孩子七八岁的时候就开始谈论如何禁烟的问题了。

针对石棉危害，家长如何敦促学校采取行动，并确保其行动的透明度？

1984 年，美国通过了《石棉危害应急反应法案》，该法案旨在保护学生及教职工免受校园环境石棉暴露的危害。美国联邦政府设立了专项基金，用于有需要的学校开展石棉调查及治理工作。

按照《石棉危害应急反应法案》要求，就是否存在石棉危害，学校需要每隔三年进行一次系统的检查，包括检查每一间屋子、每一个角落，并且保留书面检查结果。检查必须由专业人员进行，并且在检查开始前需要告知家长和教师。

按照《石棉危害应急反应法案》，你也可以监督学校委托相应机构调查石棉危害的过程是否合法。按照此法案，家长有权利获取并复查相应的调查结果。如果校方行政人员对于索要记录的书面请求并未给出相应回复，家长有权前往当地最近的环境保护部门反映此类事件。

一旦发现石棉,请确保采取恰当的治理方案,并确保石棉治理工作由具备相关资质的专业人员完成,学校要保存相关石棉治理或检查记录备查。如果石棉是由专业人员处理的,那就无须担心。如果不是,应立即联系当地的环境保护部门以及卫生健康部门来寻求正确的指导。

如何确保学校的饮用水是无铅的?

在许多建成时间较长的学校中,它们的饮用水很可能受到了铅污染。因为这些学校同旧房子一样,使用含铅的自来水管道,同时它们也可能使用铅焊料焊接管道,这种铅焊料直到1986 年才被禁止使用。当饮用水在管道中停留时间较长,如一晚、一周甚至是一个假期时,来自管道的少量的铅会溶解,进入自来水中。这种溶蚀现象最有可能发生在饮用水成酸性的地区。发生在美国密歇根州弗林特市的饮用水铅中毒事件就表明了不恰当的饮用水管理系统所带来的危害。

在一些学校的饮水机中也发现了铅污染问题。当学生饮用这些来自饮水机的水时,他们也会摄入一定量的铅。因为儿童铅中毒通常是一种综合性接触途径,其来源有很多,如含铅油漆碎片、粉尘,当然也包括饮用水,所以从所有可能的来源中消除铅变得相当重要。

美国环境保护署十分关注学校饮用水中的铅含量,并且发布了相应的指南来保护学生免受铅中毒的影响。根据指南要求,学校应当按照相应规定进行水质测试。如果在饮用水中发现铅,必须确定其来源,并解决饮用水的铅污染问题。

必须确保学生的饮用水不含铅
Photo by rawpixel.com on Pexels

学校化学实验室应该采取哪些预防措施？

　　学校新近建立的化学实验室与原有实验室相比,其有毒有害化学物质的使用量降低了很多。美国国家职业安全与健康研究所针对学校化学实验室发布了一系列的管理指南。美国化学学会也发布了相应指南,名为《降低中学危险化学品对学生和教职人员的危害》,目的是指导中学化学实验室合理管理化学药品。管理有方的化学实验是不会对学生和教职人员的健康造成危害的。

　　然而,在一些旧的化学药品储藏室,存储柜中存储的那些化学物质可能是剧毒物质,甚至是易燃易爆品。有些化学药品直接威胁生命。在此,我们列出了一些中学化学实验室中可能存在的化学药品,如表 12.1 所示。

表 12.1　中学化学实验室可能存储的旧的化学药品

化学药品名称	危害
benzene（苯）	高毒性溶剂，能导致白血病。

续表

化学药品名称	危害
carbon tetrachloride （四氯化碳）	通用溶剂，曾广泛用于集邮过程中去除邮票水印。对肝脏有很强毒性。如缺少呼吸道及皮肤接触防护措施，不应使用该溶剂。
ether （醚类）	易爆。久存的醚类会形成易爆的过氧化物。如要移除这些醚类存放容器，需专业排爆人员来完成。
hexane （己烷）	短时大量吸入会导致头晕目眩、轻微恶心及头痛。慢性暴露会导致神经系统功能障碍、四肢麻木、肌肉无力、视力模糊、头痛和疲乏。
old hydrochloric acid or sulfuric acid （H_2SO_4，长期存放的盐酸或硫酸）	长期存放的盐酸或硫酸存储容器会挥发出有毒烟雾，可以与其他实验室化学药品发生化学反应。吸入酸雾也会灼伤肺部。
old hydrofluoric acid （长期存放的氢氟酸）	氢氟酸是一种剧毒物质，可以腐蚀骨骼和玻璃，不应在中学实验室中使用。如果氢氟酸储存在老化的容器中，会对接触它的人造成直接危害。
mercury （汞）	元素汞在室温下易挥发，有剧毒，会导致脑损伤。
picric acid （苦味酸）	长期存放的苦味酸会结晶，在货架上被挪动或挤压时会导致爆炸。因此移除工作需要专业排爆人员来完成。

化学药品名称	危害
toluene（甲苯）	有毒溶剂，大量吸入甲苯会影响脑功能及中枢神经系统，并导致例如头痛、头晕、神志错乱、昏迷及失忆等症状。

考虑到化学药品的数量可能在科学课上引起严重问题，如果你的孩子就读的高中有化学实验室，作为该学校的学生家长，你应该与学校的家长教师联合会或者环境委员会采取以下行动：

（1）针对学校化学药品储藏室，要求学校行政部门审查化学药品相关条例及储藏室日常维护工作。

（2）了解学校何时建成及实验室化学药品已经存储了多长时间。

（3）确定存放时间较长的化学药品，明确最后一次巡查时间及经手人。

（4）询问教师以查明是否有已存放了很长时间的或无标记的化学药品依旧存放在实验室试剂架上。

（5）看看是否还有其他存有很长时间的化学药品的存储区。

如果学校没有制定与化学药品存储相关的规章制度，你可以联系当地卫生健康部门或消防部门，询问是否定期巡查学校化学药品储藏室。如果没有，请询问他们是否知晓相关责任人。

学校美术教室应该采取哪些预防措施？

美术用品中也会含有很多有毒物质。

如何确保儿童在校所用的美术用品的安全性呢？美国联邦政府在1988年通过了相关法律，要求蜡笔、颜料套装、粉笔、模型黏土、彩色铅笔以及其他艺术产品必须明确标明其所用材料是否具有潜在慢性危害。如果所用材料无毒无害，就要在包装或其他产品标识上印上"Conforms to ASTM D-4236"（符合ASTM D-4236）的标签。

对于家长教师联合会或环境委员会来说，对美术课所用的材料进行复查是一个不错的选择，并建议尽可能使用最不具毒性的替代材料。

以下讨论涵盖了美术课所用材料中可能含有的有毒物质：

油画颜料　首先，油画颜料并不适合年幼儿童使用。如果年龄较大的青少年对油画有兴趣，美术教师需确保学生学会如何安全使用油画颜料。只有在那些认真的学生自愿接受相应的特殊培训后，美术教师才能允许他们使用油画颜料。

除此之外，美术教师应当确保这些刚刚开始学习绘画的学生不会把画笔放进嘴里。艺术家通常会用"倒刷"这种方式把

对美术课所用的材料进行复查是一个不错的选择
Photo by Dragos Gontariu on Unsplash

画笔的细毛聚拢在一起，以画出一条细细的线，但这种古老的"顺毛笔"的方式十分危险。因为即便已经按照画笔使用说明进行了清洁，任何用于油画颜料的画笔都仍有可能含有相当含量的剧毒重金属元素。颜色美丽的镉黄、钴蓝、锰蓝和镉橙色油画颜料，只是少数几种含有大量的剧毒重金属元素的颜料。铅在现代家庭油漆中被禁止使用，但是依旧用于颜料中。一些白色颜料，如克雷明茨白和铅白色颜料都含有大量的铅。要证明这一点其实很容易——同样的一管颜料，含铅颜料重量要比不含铅的颜料更重。如果因某种原因导致画中某个区域含铅颜料的使用比预想的要厚，学生需要注意不要去用砂纸打磨这个区域。因为即便是轻微的打磨，也会产生含铅粉尘，这些粉尘会黏附在手指上，最终进入体内。最好的解决办法就是在画布干燥过夜之前就做相应的检查。在油漆未干时，用调色板刀即可去除堆积的颜料。美术教师经常建议学生在颜料变干之前，先软化边缘。这是很容易完成的，用柔软的刷子轻轻一碰即可，并且有助于避免在不需要的地方积累过多的颜料。

当使用溶剂清洗刷子时，学生应该使用其他低挥发性、更为安全的溶剂，而不是松节油。美术教室也应该保持通风，不应有溶剂挥发气味的积聚。

彩色粉笔 进口彩色粉笔可能含有有毒的重金属,例如铅、镉和汞的化合物。儿童应当注意不要吸入粉笔灰。彩色粉笔对于儿童来说并不是一种很好的美术用品。尽管油性彩笔同普通彩色粉笔相比相对不容易产生粉尘,但是如果油性彩笔是国外进口的,那依然有可能含有有毒的重金属。请使用印有 ASTM D-4236 标签的粉笔。

记号笔(马克笔) 请确保使用的记号笔不含有毒溶剂,并有 ASTM D-4236 标签。避免使用有香味的记号笔,该类记号笔会诱使儿童去品尝它们。要知道,商业制成品中所添加的这类香精通常是含有邻苯二甲酸酯(一种内分泌干扰物)的。

橡胶胶水 橡胶胶水含有一种正庚烷溶剂,该溶剂会导致头晕、头痛,严重的会导致昏迷。可使用水溶性胶水,如用白胶或双面胶带替代。

喷涂式胶黏剂 请避免使用喷涂式胶黏剂。这些胶黏剂通常含有石油馏出物和其他各种化学物质,如丙烷、丙酮、异丙醇等。如吸入上述物质,会引起头晕、头痛、嗜睡、行为协调能力差和其他症状。有时在喷完胶黏剂数分钟后,有些人甚至会去尝这些溶剂的味道。你绝对不想让类似的事情发生在你的孩子身上。

对于年龄稍大并且追求严谨艺术学习的儿童，如果使用喷涂式胶黏剂对于他们的作品来说非常重要，那么应该确保喷胶工作是在通风条件良好的地方进行的，另外应当有权威机构，如美国职业安全和健康管理局批准的呼吸防护措施。学生也可以选择通过产品质量认证或获得批准生产的透明丙烯酸乳液。（如果产品含有这些胶黏剂，工艺美术品领域的毒理学权威机构必须对产品进行评估，并确定产品中所含有毒有害物质即便是在被吞食的情况下，依旧不足以对人体健康造成威胁。）

陶瓷涂料　做陶瓷工艺的儿童必须达到一定的年龄，以确保他们在制作时能控制自己不会用手指触碰嘴唇。教师应采取恰当的措施来减少灰尘，在课堂上也只使用合格的无毒的无铅油漆和釉料。

什么是危险化学品泄漏处置预案？ 学校需要这样的预案吗？

学校偶尔也会发生危险化学品的泄漏事件，如油罐溢出或清洁剂材料洒出。很多时候这些事项并不包含在学校的应急预案中,这就导致宝贵的处置时间会浪费在寻找和等待相关机构的援助中。

所以请向学校确认是否有相应的危险化学品外泄应急处置方案。如果没有,则应要求学校着手制定,然后针对其他学校目前使用的方案做一个调研。一些常见的化学品外泄意外的处置应该在方案中有所体现:

(1) 科学实验室事故,其中包括打破水银温度计的情况;

做陶瓷工艺的儿童必须达到一定的年龄,教师还需做好相应的措施
Photo by Krys Alex on Unsplash

（2）油罐溢油或其他石油制品泄漏；

（3）污水泄漏或污水系统故障；

（4）学校使用的清洁剂泄漏。

在处置方案中也应该考虑到多种清洁剂混合后所导致的有毒有害物质外泄，如漂白剂和氨基清洗剂混合。当然也不要忘记在教室、餐饮区和运动场等场所过度使用的杀虫剂。

一个好的应急方案应当明确负责人以及另外两个备用联系人。所有负责人的联系方式都应列出，包含在白天、夜晚和周末使用的电话号码。这些电话号码也应该在当地警局和消防部门登记备案。

应急方案应详细说明怎样应对将要发生的事情，以及学校周边其他可能的安全隐患（例如在附近的一个工业地点发生的泄漏），应条理清晰，能够应对任何情况。要求学校把方案提交到相关机构进行审查和评估。一旦方案被批准，可要求学校正式地将该方案作为危害应急预案。

人造草坪是否安全？

这取决于人造草坪的种类。在过去的十几年间，人造草皮制造商积极地把他们的产品推销给当地学校董事会和学校体育运动后援会①。他们声称人造草皮比天然草皮更耐用,能够支撑一个漫长的赛季,并且下雨过后有很好的排水效果。

但是人造草坪会因其制作材质而存在一些问题。最为危险的一点是人造草坪是由切碎的废旧汽车和卡车轮胎制成的。这类草坪有如下几类危害:

(1)高温。在夏季艳阳高照下,这些草坪的温度可以达到约 60 摄氏度。这样的高温对于在操场上尽兴玩耍的儿童来说是十分危险的,随时可能导致脱水或中暑。

(2)有毒化学品。1,3-丁二烯是汽车和卡车轮胎的主要化学成分,也是已知的致癌物。这些使用后的废旧轮胎材料,在以往数月或数年的道路行驶过程中,吸收吸铅等其他有毒化学物质。

最安全的方式当然是铺设自然草坪,保持自然草坪排水通畅,避免积水,同时播撒足以承受一个赛季的草种。现在已经出现了从事此类业务的公司。另一种选择就是使用经过实验

---

① 学校体育运动后援会,是一个由家长、教职工和其他感兴趣的人员组成的纯志愿者团体,该团体的使命是为学生运动员提供经济支持,丰富爱好体育的学生以及全体学生的生活。——译者注

验证的比旧轮胎材质更为安全的材料制成的人造草坪。

学生上学期间，学校建筑物是否可以进行结构改造（如屋顶维修）？

屋顶油毡含有来自石油产品的有毒有害的多环芳烃类物质。研究发现，经常接触屋顶油毡和沥青的工人的肺癌发病率是正常人的 5 倍。油毡和沥青被加热的时候，会释放出有毒的烟雾，这些烟雾会刺激眼睛和鼻子，也会引起恶心、头痛等不适症状。这就是为什么整修屋顶的最佳时机是在学生离校的时候。如果房顶整修工作必须要在学生上学期间开展，建议学校管理部门确保施工方做到如下几点：

（1）在使用沥青时，关闭教室空调的新风进气口。

（2）关闭门窗，防止施工过程中产生的有毒有害气体进入教室。

（3）确保装有沥青的罐子及挥发的气体远离教室，保持罐口常闭。

参考文献

Carson, R. (1962). *Silent Spring*. Houghton Mifflin, Cambridge.

Colburn, T. , Dumanoski, D. , &. Myers, J. P. (1996). *Our Stolen Future: Are We Threatening Our Fertility, Intelligence, and Survival? A Scientific Detective Story;* Dutton, New York.

Grandjean, P. (2015). *Only One Chance: How Environmental Pollution Impairs Brain Development and How to Protect the Brains of the Next Generation* (Environmental Ethics and Science Policy Series). Oxford University Press, Oxford.

Jackson, R. , &. Sinclair, S. (2012). *Designing Healthy Communities*. John Wiley and Sons, New York.

Landrigan, P. , &. Etzel, R. , Eds. (2013). *Textbook of Children's Environmental Health*. Oxford University Press, Oxford.

Delamater, P. L. , Finley, A. O. , & Banerjee, S. (2012). An analysis of asthma hospitalizations, air pollution, and weather conditions in Los Angeles County, California. *Science of the Total Environment* 425, 110-118. doi: 10. 1016 / j. scitotenv. 2012. 02. 015.

Friedman, M. S. , Powell, K. E. , Hutwagner, L. , Graham, L. M. , & Teague, W. G. (2001). Impact of changes in transportation and commuting behaviors during the 1996 Summer Olympic Games in Atlanta on air quality and childhood asthma. *JAMA* 285 (7), 897-905. PMID: 11180733.

Gauderman, W. J. , Urman, R. , Avol, E. , Berhane, K. , McConnell, R. , Rappaport, E. , Chang, R. , Lurmann, F. , & Gilliland, F. (2015). Association of improved air quality with lung development in children. *N Engl J Med* 372, 905-913. doi: 10. 1056 / NEJMoa1414123.

Khreis, H. , Kelly, C. , Tate, J. , Parslow, R. , Lucas, K. , & Nieuwenhuijsen, M. (2017). Exposure to traffic-related air pollution and risk of development of childhood asthma: A systematic review and meta-analysis. *Environ Int.* 100, 1-31. doi: 10. 1016 / j. envint. 2016. 11. 012.

Korten, I. , Ramsey, K. , & Latzin, P. (2017). Air pollution during pregnancy and lung development in the child. *Paediatr Respir Rev.* 21, 38-46. doi: 10. 1016 / j. prrv. 2016. 08. 008.

Li, Y. , Wang, W. , Wang, J. , Zhang, X. , Lin, W. , & Yang, Y. (2011). Impact of air pollution control measures and weather conditions on asthma during the 2008 Summer Olympic Games in Beijing. *Int J Biometeorol* 55(4), 547-554. doi: 10. 1007 / s00484-010-0373-6.

Logan, W. P. (1953). Mortality in the London fog incident, 1952. *Lancet* 1, 336-338. PMID:13012086.

Pope, D. P. , Mishra, V. , Thompson, L. , Siddiqui, A. R. , Rehfuess, E. A. , Weber. M. , & Bruce, N. G. (2010). Risk of low birth weight and stillbirth associated with indoor air pollution from solid fuel use in developing countries. *Epidemiol Rev* 32, 70-81. doi: 10. 1093 /

epirev / mxq005.

Sly, P. , & Flack, F. (2008). Susceptibility of children to environmental pollutants. *Annals NY Acad Sci* 1140, 163-183. doi: 10. 1196 / annals. 1454. 017.

Wichmann, F. A. , Müller, A. , Busi, L. E. , Cianni, N. , Massolo, L. , Schlink, U. , Porta, A. , & Sly, P. D. (2009). Increased asthma and respiratory symptoms in children exposed to petrochemical pollution. *J Allergy Clin Immunol* 123, 632-638. doi: 10. 1016 / j. jaci. 2008. 09. 052.

Chen, M. , Chang, C. H. , Tao, L. , & Lu, C. (2015). Residential exposure to pesticides during childhood and childhood cancers: A meta-analysis. *Pediatrics* 136 (4), 719-729. doi: 10. 1542 / peds. 2015-0006.

Cohn, B. A. , La Merrill, M. , Krigbaum, N. Y. , Yeh, G. , Park, J. S. , Zimmermann, L. , & Cirillo, P. M. (2015). DDT exposure in utero and breast cancer. *J Clin Endocrinol Metab* 100 (8), 2865-2867. doi: 10. 1210 / jc. 2015-1841.

Cohn, B. A. , Wolff, M. S. , Cirillo, P. M. , & Sholtz, R. I. (2007). DDT and breast cancer in young women: new data on the significance of age at exposure. *Environmental Health Perspectives* 115(10), 1406-1414. PMID:17938728.

Feychting, M. , Plato, N. , Nise, G. , Ahlbom, A. (2001). Paternal occupational exposures and childhood cancer. *Environmental Health Perspectives* 115(12), 1787-1789.

IARC Monographs on the Evaluation of Carcinogenic Risks to Humans. Geneva: World Health Organization, 2012. Retrieved from http://monographs. iarc. fr / ENG / Classification /

Infante Rivard, C. , & Welchenthal, S. (2007). Pesticides and childhood cancer: An update of Zahm and Ward's 1998 review. *J. Toxicol and Environ Health Part B: Critical Reviews* 10(1-2), 81-99. PMID: 18074305.

Landrigan, P. J. , Schechter, C. B. , Lipton, J. M. , Fahs, M. C. , & Schwartz, J. (2002). Environmental pollutants and disease in American children: Estimates of morbidity, mortality and costs for lead poisoning, asthma, cancer and developmental diabetes. *Environmental Health Perspectives*, 110, 721-728. PMID:12117650.

Pesatori, A. C., Consonni, D., Rubagotti, M., Grillo, P., & Bertazzi, P. A. (2009). Cancer incidence in the population exposed to dioxin after the "Seveso accident": Twenty years of follow-up. *Environ Health* 8, 39-47. doi: 10. 1186 / 1476-069X-8-39. PMID: 19754930.

Raaschou-Nielsen, O., Andersen, C. E., Andersen, H. P., Gravesen,P., Lind, M., Schüz, J., & Ulbak, K. (2008). Domestic radon and childhood cancer in Denmark. *Epidemiology*, 19(4), 536-543. doi: 10. 1097 / EDE. 0b013e318176bfcd. PMID: 18552587.

Warner, M., Mocarelli, P., Samuels, S., Needham, L., Brambilla, P., &Eskenazi, B. (2011). Dioxin exposure and cancer risk in the Seveso women's health study. *Environmental Health Perspectives*, 119, 1700-1705. doi: 10. 1289 / ehp. 1103720.

Barker, D. J. (2004). The developmental origins of adult

disease. *J Am Coll Nutr* 23, 588S-595S. PMID: 15640511.

Bergman, Å., Heindel, J. J., Kasten, T., Kidd, K. A., Jobling, S., Neira, M., Zoeller, R. T., Becher, G., Bjerregaard, P., Bornman, R., Brandt I, Kortenkamp, A., Muir, D., Drisse, M. N., Ochieng, R., Skakkebaek, N. E., Byléhn, A. S., Iguchi, T., Toppari, J., & Woodruff, T. J. (2013). The Impact of Endocrine Disruption: A Consensus Statement on the State of the Science. *Environ Health Perspect* 121, a104-6. doi: 10.1289/ehp.1205448.

Braun, J. M., Yolton, K., Dietrich, K. N., Hornung, R., Ye, X, Calafat, A. M., & Lanphear, B. P. (2009). Prenatal bisphenol A exposure and early childhood behavior. *Environmental Health Perspectives* 117, 1945-1952. doi: 10.1289/ehp.0900979.

Burns, J. S., Williams, P. L., Sergeyev, O., Korrick, S. A., Lee, M. M., Revich, B., Altshul, L., Del Prato, J. T., Humblet, O., Patterson, D. G., Turner, W. E., Starovoytov, M., & Hauser, R. (2011). Serum dioxins and polychlorinated biphenyls are associated with growth among Russian boys. *Pediatrics* 127, e59-e68. doi: 10. 1289 / ehp. 1103743.

Calafat, A. M. , Ye, X. , Wong, L. Y. , Reidy, J. A. , & Needham, L. L. (2008). Exposure of the U. S. population to bisphenol A and 4-tertiary-octylphenol: 2003-2004. *Environmental Health Perspectives* 116, 39-44. doi: 10. 1289 / ehp. 10753.

Colborn, T. , vom Saal, F. S. , & Soto, A. M. (1993). Developmental effects of endocrine-disrupting chemicals in wildlife and humans. *Environmental Health Perspectives* 101, 378-384. PMCID: PMC1519860.

Engels S. M, Miodovnik, A. , Canfield, R. L. , Zhu, C. , Silva, M. J. ,Calafat, A. M. , & Wolff, M. S. (2010). Prenatal phthalate exposure is associated with childhood behavior and executive functioning. *Environ Health Perspect* 118(4), 565-571. doi: 10. 1289 / ehp. 0901470.

Eisenberg, M. L. , Hsieh, M. H. , Walters, R. C. , Krasnow, R. , &Lipshultz, L. I. (2011). The relationship between anogenital distance, fatherhood, and fertility in adult men. *PLoS One* 6, e18973. doi: 10. 1371 / journal. pone. 0018973.

Herbst, A. L. , Ulfelder, H. , & Poskanzer, D. C. (1971). Adenocarcinoma of the vagina: Association of maternal stilbestrol therapy with tumor appearance in young women. N *Engl J Med* 284, 878-881.

Herbstman, J. B. , Sjödin, A. , Kurzon, M. , Lederman, S. A. , Jones, R. S. , Rauh, V. , Needham, L. L. , Tang, D. , Niedzwiecki, M. , Wang, R. Y. , & Perera, F. (2010). Prenatal exposure to PBDEs and neurodevelopment. *Environmental Health Perspectives* 118, 712-719, doi: 10. 1289 / ehp. 0901340.

Hoffman, K. , Webster, T. F. , Sjödin, A. , & Stapleton, H. M. (2010). Exposure to polyfluoroalkyl chemicals and attention deficit / hyperactivity disorder in U. S. children 12-15 years of age. *Environmental Health Perspectives* 118, 1762-1767. doi: 10. 1038 / jes. 2016. 11.

Masuo, Y. , & Ishido, M. (2011). Neurotoxicity of endocrine disruptors: Possible involvement in brain development and neurodegeneration. *J Toxicol Environ Health* B 14, 346-369. doi: 10. 1080 / 10937404. 2011. 578557.

Mendiola, J. , Stahlhut, R. W. , Jørgensen, N. , Liu, F. , & Swan, S. H. (2011). Shorter anogenital distance predicts poorer semen quality in young men in Rochester, New York. *Environmental Health Perspectives* 119, 958-963. doi: 10. 1289 / ehp. 1103421.

Singh, S. , Li, S. S. (2012). Epigenetic effects of environmental chemicals bisphenol A and phthalates. *Int J Mol Sci* 13, 10143-10153. doi: 10. 3390 / ijms130810143.

Swan, S. H. (2000). Intrauterine exposure to diethylstilbestrol: Longterm effects in humans. *APMIS* 108, 793-804.

Swan, S. H. , Liu, F. , Hines, M. , Kruse, R. L. , Wang, C. , Redmon, J. B. , Sparks, A. , Weiss, B. (2010). Prenatal phthalate exposure and reduced masculine play in boys. *Int J Androl* 33, 259-269. doi: 10. 1111 / j. 1365-2605. 2009. 01019. x.

Swan, S. H. , & Weiss, B. (2012). Phthalates: What they are and why they raise concerns about human health. In R. H. Friis (Ed.), *Praeger Handbook of Environmental Health* (pp. 453-473). Santa Barbara: ABC-CLIO.

Turyk, M. E. , Persky, V. W. , Imm, P. , Knobeloch, L. , Chatterton, R. , & Anderson, H. A. (2008). Hormone disruption by PBDEs in adult male sport fish consumers. *Environmental Health Perspectives* 116, 1635-1641. doi: 10. 1289 / ehp. 11707.

World Health Organization. (2010). *Dioxins and their effects on human health*. Fact sheet N° 225. Geneva: World Health Organization.

American Academy of Pediatrics Committee on Environmental Health. (2009). The built environment: Designing communities to promote physical activity in children. *Pediatrics* 123, 1591-1598. doi: 10. 1542 /peds. 2009-0750.

Behl, M. , Rao, D. , Aagaard-Tillery, K. , Davidson, T. L. , Levin, E. D. , Slotkin, T. A. , Srinivasan, S. , Wallinga, D. , White, M. F. , Walker V. R. , Thayer, K. A. , &. Holloway, A. C. (2013). Evaluation of the association between maternal smoking, childhood obesity, and metabolic disorders: A National Toxicology Program Workshop Report. *Environmental Health Perspectives* 121, 170-180. doi: 10. 1289/ehp. 1205404.

Ino, T. (2010). Maternal smoking during pregnancy and offspring obesity: Meta-analysis. *Pediatr Int* 52, 94-99. doi: 10. 1111/j. 1442-200X. 2009. 02883. x.

La Merrill, M. , &. Birnbaum, L. S. (2011). Childhood obesity and environmental chemicals. *Mt Sinai J Med* 78, 22-48. PMID: 21259261.

La Merrill M, Emond C, Kim MJ, Antignac JP, Le Bizec B, Clément K, Birnbaum LS, &. Barouki R. (2013). Toxicological function of adipose tissue: Focus on persistent organic pollutants. *Environmental Health Perspectives* 121, 162-169. doi: 10. 1289/ ehp. 1205485.

Oken, E. , Levitan, E. B. , & Gillman, M. W. (2008). Maternal smoking during pregnancy and child overweight: Systematic review and meta-analysis. *Int J Obes* 32, 201-210. doi: 10. 1038 / sj. ijo. 0803760.

Rahman, T. , Cushing, R. A. , & Jackson, R. J. J. (2011). Contribution of built environment to childhood obesity. *Mt Sinai J Med* 78, 49-57. doi: 10. 1002 / msj. 20235.

Somm, E. , Schwitzgebel, V. M. , Vauthay, D. M. , Camm, E. J. , Chen, C. Y. , Giacobino, J. P. , Sizonenko, S. V. , Aubert, M. L. , & Hüppi, P. S. (2008). Prenatal nicotine exposure alters early pancreatic islet and adipose tissue development with consequences on the control of body weight and glucose metabolism later in life. *Endocrinology* 149, 6289-6299. doi: 10. 1210 / en. 2008-0361.

Thayer, K. A. , Heindel, J. J. , Bucher, J. R. , & Gallo, M. A. (2012). Role of environmental chemicals in diabetes and obesity: A National Toxicology Program

Workshop Report. *Environmental Health Perspectives* 120, 779-789. doi: 10.1289 / ehp. 1104597.

Trasande, L. , Attina, T. M. , & Blustein, J. (2012). Association between urinary bisphenol A concentration and obesity prevalence in children and adolescents. *JAMA* 308, 1113-1121. PMID: 22990270.

Bellinger, D. C. (2011). The protean toxicities of lead: New chapters in a familiar story. *Int J Environ Res Public Health* 8, 2593-2628. doi: 10.3390 / ijerph8072593.

Blumberg, S. J. , Bramlett, M. D. , Kogan, M. D. , Schieve, L. A. , Jones, J. R. , Lu, M. C. (2013). Changes in prevalence of parent-reported autism spectrum disorder in school-aged U. S. children: 2007 to 2011-2012. *National Health Statistics Reports*, 6. PMID: 24988818.

Braun, J. M. , Kahn, R. S. , Froehlich, T. , Auinger, P. , & Lanphear, B. P. (2006). Exposures to environmental toxicants and attention deficit hyperactivity disorder in U. S. children. *Environmental Health Perspectives* 114,

1904-1909. doi: 10.1289 / ehp. 9478.

Brown, J. S. (2009). Effects of bisphenol-A and other endocrine disruptors compared with abnormalities of schizophrenia: An endocrine-disruption theory of schizophrenia. *Schizophrenia Bull* 35, 256-278. PMID: 18245062.

Ciesielski, T., Weuve, J., Bellinger, D. C., Schwartz, J., Lanphear, B., & Wright, R. O. (2012). Cadmium exposure and neurodevelopmental outcomes in U. S. children. *Environmental Health Perspectives* 120, 758-763. doi: 10.1289 / ehp. 1104152.

Grandjean, P., & Landrigan, P. J. (2006). Developmental neurotoxicity of industrial chemicals. *Lancet* 368, 2167-2178. PMID: 17174709.

Grandjean, P., & Landrigan, P. J. (2014). Neurobehavioural effects of developmental toxicity. *Lancet Neurol* 13, 330-338. doi: 10.1016 /S1474-4422(13)70278-3.

Kim, B-N., Cho, S-C., Kim, Y., Shin, M. S., Yoo, H. J., Kim, J. W., Yang, Y. H., Kim, H. W., Bhang,

S. Y. , & Hong, Y. C. (2009). Phthalate exposure and attention deficit / hyperactivity disorder in school-age children. *Biol Psychiat* 66, 958-963. doi: 10. 1016 / j. biopsych. 2009. 07. 034.

Landrigan, P. J. (2010). What causes autism? Exploring the environmental contribution. *Curr Opin Pediatr* 22, 219-225. doi: 10. 1097 / MOP. 0b013e328336eb9a.

Lee, D-H. , Jacobs, D. R. , & Porta, M. (2007). Association of serum concentrations of persistent organic pollutants with the prevalence of learning disability and attention deficit disorder. *J Epidemiol Comm Health* 61, 591-596. PMID: 17568050.

Rauh, V. , Garfinkel, R. , Perera, F. P. , Andrews, H. F. , Hoepner, L. , Barr,D. B. , Whitehead, R. , Tang, D. , & Whyatt, R. W. (2006). Impact of prenatal chlorpyrifos exposure on neurodevelopment in the first 3 years of life among inner-city children. *Pediatrics* 118, e1845-5. PMID: 17116700.

Underwood, E. (2017). The polluted brain. *Science* 355

(6523), 342-245. doi: 10. 1126 / science. 355. 6323. 342.

Volk, H. E. , Lurmann, F. , Penfold, B. , Hertz-Picciotto, I. , McConnell, R. , & Campbell, D. B. (2013). Traffic-related air pollution, particulate matter, and autism. *JAMA Psychiatry* 70, 71-77. doi: 10. 1001 / jamapsychiatry. 2013. 266.

Windham, G. C. , Zhang, L. , Gunier, R. , Croen, L. A. , & Grether, J. K. (2006). Autism spectrum disorders in relation to distribution of hazardous air pollutants in the San Francisco Bay area. *Environmental Health Perspectives* 114, 1438-1444. PMID: 16966102.

Andra, S S , Austin, C. , & Arora, M. (2016). The tooth exposome in children's health research. *Current Opinions Pediatr* 28 (2), 221-227. doi: 10. 1097 / MOP. 0000000000000327.

Arora, M. , Hare, D. , Austin, C. , Smith, D. R. , Doble, P. (2011). Spatial distribution of manganese in enamel and coronal dentine of human primary teeth. *Sci Total Environ* 409(7), 1315-1319. doi: 10. 1016 /j. scitotenv.

2010. 12. 018.

Carter, C. J. , &. Blizard, R. A. (2016). Autism genes are selectively targeted by environmental pollutants including pesticides, heavymetals, bisphenol A, phthalates and many others in food, cosmetics, or household products. *Neurochem Int* , pii: S0197-0186 (16) 30197-8. doi: 10. 1016 / j. neuint. 2016. 10. 011.

Knopick, V. S. , Maccani, M. A. , Francazio, S. , &. McGeary, J. E. (2012). The epigenetics of maternal cigarette smoking during pregnancy and effects on child development. *Development and Psychopathology* 24 (4), 1377-1390. doi: 10. 1017 / S0954579412000776.

Latham, K. E. , Sapienza, C. , Engel, N. (2012). The epigenetic Lorax: Gene-environment interactions in human health. *Epigenenomics* 4 (4), 383-402. doi: 10. 2217 / epi. 12. 31.

Modabbernia, A. , A, Velthorst, E. , Gennings, C. , De Haan, L. , Austin, C. , Sutterland, A. , Mollon, J. , Frangou, S. , Wright, R. , Arora, M. , &. Reichenberg,

A. (2016). Early life metal exposure and schizophrenia: A proof of concept study using novel tooth-matrix biomarkers. *Eur Psychiatry* 36, 1-8. doi: 10. 1016 / j. eurpsy. 2016. 03. 006.

Morishita, H. , & Arora, M. (2017). Tooth-matrix biomarkers to reconstruct critical periods of brain plasticity. *Trends Neurosci* 40(1),1-3. doi: 10. 1016 / j. tins. 2016. 11. 003.

Power, C. , & Jefferis, B. J. (2002). Fetal environment and subsequent obesity: A study of maternal smoking. *Int J Epidemiol* 31(2), 413-419. PMID: 11980805.

Rauh, V. A. , Perera, F. P. , Horton, M. K. , Whyatt, R. M. , Bansal, R. , Hao, X. , Liu, J. , Barr, D. B. , Slotkin, T. A. , & Peterson, B. S. (2012). Brain anomalies in children exposed prenatally to a common organophosphate pesticide. *Proc Natl Acad Sci USA*. 109, 7871-7876. doi: 10. 1073 / pnas. 1203396109.

Landrigan, P. J. , & Goldman, L. R. (2011). Children's vulnerability to toxic chemicals: A challenge and opportunity to strengthen health and environmental policy. *Health Aff* 30, 842-850. doi: 10. 1377 / hlthaff. 2011. 0151.

Bradley, F. M. , Ellis, B. W. , & Martin, D. L. (2009). *The Organic Gardener's Handbook of Natural Pest and Disease Control: A Complete Guide to Maintaining a Healthy Garden and Yard the Earth-Friendly Way.* Emmaus PA: Rodale Press.

Bradley, F. M. , Phillips E. , & Ellis, B. (2009). *Rodale's Ultimate Encyclopedia of Organic Gardening: The Indispensable Green Resource for Every Gardener.* Emmaus PA: Rodale Press.

Martin, D. (2014). *Basic Organic Gardening: A Beginner's Guide to Starting a Health Garden.* Emmaus PA: Rodale Press.

American Academy of Pediatrics Council on Environmental Health. (2012). Pesticides. In R. A. Etzel & S. J. Balk (Eds.), *Pediatric Environmental Health* (3rd ed.). Elk Grove Village, IL: American Academy of Pediatrics.

ISBN-13: 978-1-58110-653-4.

Bouchard, M. F., Chevrier, J., Harley, K. G., Kogut, K., Vedar, M., Calderon, N., Trujillo, C., Johnson, C., Bradman A, Barr, D. B., & Eskenazi, B. (2011). Prenatal exposure to organophosphate pesticides and IQ in 7-year-old children. *Environmental Health Perspectives* 119, 1189-1195. doi: 10.1289/ehp.1003185.

Centers for Disease Control and Prevention. (2009). *Fourth Reporton Human Exposure to Environmental Chemicals*. Atlanta, GA: US Department of Health and Human Services, Centers for Disease Control and Prevention. Retrieved from http://www.cdc.gov/exposurereport/.

Engel, S. M., Wetmur, J., Chen, J., Zhu, C., Barr, D. B., Canfield, R. L., & Wolff, M. S. (2011). Prenatal exposure to organophosphates, paraoxonase 1, and cognitive development in childhood. *Environmental Health Perspectives* 119, 1182-1188. doi: 10.1289/ehp.1003183.

Grandjean, P., Harari, R., Barr, D. B., & Debes, F.

(2006). Pesticide exposure and stunting as independent predictors of neurobehavioral deficits in Ecuadorian school children. *Pediatrics* 117, e546-e556. PMID: 16510633.

Karr, C. , Solomon, G. M. , & Brock-Utne, A. (2007). Health effects of common home, lawn and garden pesticides. *Pediatr Clin North Am* 54, 63-80. doi: 10. 1016 / j. pcl. 2006. 11. 005.

Lu, C. , Toepel, K. , Irish, R. , Fenske, R. A. , Barr, D. B. , & Bravo, R. (2006). Organic diets significantly lower children's dietary exposure to organophosphorus pesticides. *Environmental Health Perspectives* 114, 260-263. PMID: 16451864.

Rauh, V. A. , Arunajadai, S. , Horton, M. , Perera, F. , Hoepner, L. , Barr, D. B. , & Whyatt, R. (2011). Seven-year neurodevelopmental scores and prenatal exposure to chlorpyrifos, a common agricultural pesticide. *Environmental Health Perspectives* 119, 1196-1201. doi: 10. 1289 / ehp. 1003160.

Roberts, J. R. , & Karr, C. J. (2012). American Academy

of Pediatrics Council on Environmental Health. Pesticide exposure in children. Technical Report. *Pediatrics* 130, e1765-e1788. doi: 10. 1542 /peds. 2012-2758.

U. S. Department of Housing and Urban Development. (2006). *Healthy Homes Issues: Pesticides in the Home— Use, Hazards, and Integrated Pest Management.* Retrieved from http: //portal. hud. gov /hudportal / documents / huddoc? id = DOC_12484. pdf.

Hakim, D. (2016, October 29). Uncertain Harvest: Doubts about the promised bounty of genetically modified crops. *The New York Times.*

Hakim, D. (2016, December 16). Uncertain Harvest: This pesticide is prohibited in Britain. Why is it still being exported? *The New York Times.*

Hakim, D. (2016, December 31). Uncertain Harvest: Scientists loved and loathed by an agrochemical giant. *The New York Times.*

Centers for Disease Control and Prevention. (2010). *How Tobacco Smoke Causes Disease: The Biology and*

Behavioral Basis for Smoking-Attributable Disease: *A Report of the Surgeon General*. Atlanta, GA: National Center for Chronic Disease Prevention and Health Promotion; Office on Smoking and Health.

Centers for Disease Control and Prevention. (2016). *E-Cigarette Use Among Youth and Young Adults*: *A Report of the Surgeon General*. Atlanta, GA: National Center for Chronic Disease Prevention and Health Promotion; Office on Smoking and Health.

Carter, B. D., Abnet, C. C., Feskanich, D., Freedman, N. D., Hartge, P., Lewis, C. E., Ockene, J. K., Prentice, R. L., Speizer, F. E., Thun, M. J., & Jacobs, E. J. (2015). Smoking and mortality—Beyond established causes. New Engl J Med, 372, 631-640. doi: 10.1056/NEJMsa1407211.

Monti, D, Kuzemchak, M. & Politi, M. *The Effects of Smoking on Health Insurance Decisions Under the Affordable Care Act*. Center for Health Economics and Policy, Institute for Public Health at Washington University.

Available at： https：// publichealth. wustl. edu /wpcontent /
uploads /2 0 1 6 /0 4 /The- Effects- of - Smoking - on - Health -
Insurance - Decisions - Under - the - Affordable - Care - Act_
updated. pdf. ［Accessed 2 August 2017］.

后记

当前，儿童是否已得到充分保护，是否可免受环境毒素的侵害？

毋庸置疑，答案是否定的。

尽管越来越多的医学研究表明有毒化学物质对儿童的健康有影响，并且数十年来人们一直致力于通过立法来保护儿童免受环境毒素的侵害，但儿童每天仍然可能接触到来自家居用品、食品、空气和水等中的有害化学物质。这些化学物质中有许多从未经过安全性或毒性检测。它们对儿童构成了确切而现实的威胁，但长期以来却一直未被管理者所重视。

日月更迭，下一代儿童仍然在接触环境中的毒素。这些物质会损害儿童发育中的脑、肺以及生殖系统和免疫系统等，这些影响可能会持续儿童的一生，甚至影响他们子代的一生。

在美国以外的国家，环境毒素的威胁同样严重。尽管化学工业界一直对此持强烈反对态度，但欧盟已认识到环境毒素的危害，并已制定了强有力的政策来减少欧洲儿童对有毒化学物质的接触。在美国，阻止未经测试的化学物质流入环境（甚至为清理现有化学废物支付费用）的立法工作进展缓慢，并且经常会遭到化学工业支持者的游说反对。只要允许公司资金不受控制地流入政治竞选活动，有毒的环境暴露就可能会持续存在。

在本书英文版出版之际，美国环境保护署正在经历预算和项目削减，这与历史上的任何时期都不一样，数百种来之不易的防止空气和水污染的保护措施正被抛弃，已知会损害儿童大脑的有毒农药仍被允许留在市场上。2016 年，《弗兰克·R. 劳滕伯格 21 世纪化学物质安全法案》的执行似乎处于停滞状态，为保护环境和人类健康而在美国环境保护署的研究中奉献了毕生精力的科学家被迫退出，对儿童的保护在跨国化学公司的利润面前退居到了次要位置。

　　本书最后 5 章为家庭和家长提供了个体解决方案,可在一定程度上管控家庭、学校和社区,避免儿童暴露于有毒化学物质中。这些实际的做法,无论简单或复杂,都是非常重要的,且被证实是有效的。从房屋中安全清除含铅涂料和石棉将预防铅中毒和癌症的发生;食用有机水果和蔬菜可将农药暴露问题减少约 90%,并改善儿童健康;清理霉菌可减少哮喘的发病频率;购买有机床垫可减少儿童接触会损伤大脑的化学阻燃剂的机会。诸如以上的方法都能改善儿童的健康。

　　尽管这些实际做法很重要,但我们的社会仍无法摆脱有毒化学物质暴露的问题。在此过程中任何需要应对的变化都需要团结一致地集体作为,尤其需要儿童家长、法律法规制定者和倡导者等人员的参与,以确保子孙后代的环境安全。